高等院校学术研究专著系

U0623038

多层双向偏心结构平扭耦联效应及地震反应研究

邝羽平　著

郑州大学出版社

图书在版编目(CIP)数据

多层双向偏心结构平扭耦联效应及地震反应研究／邝羽平著. — 郑州：
郑州大学出版社，2023. 2(2024.6 重印)
ISBN 978-7-5645-9250-9

Ⅰ. ①多…　Ⅱ. ①邝…　Ⅲ. ①抗震结构 - 研究　Ⅳ. ①TU352.11

中国版本图书馆 CIP 数据核字(2022)第 215682 号

多层双向偏心结构平扭耦联效应及地震反应研究
DUOCENG SHUANGXIANG PIANXIN JIEGOU PINGNIU OULIAN XIAOYING
JI DIZHEN FANYING YANJIU

策划编辑	袁翠红	封面设计	苏永生
责任编辑	李 香	版式设计	苏永生
责任校对	吴 波	责任监制	李瑞卿

出版发行	郑州大学出版社	地　　址	郑州市大学路 40 号(450052)
出 版 人	孙保营	网　　址	http://www.zzup.cn
经　　销	全国新华书店	发行电话	0371-66966070
印　　刷	廊坊市印艺阁数字科技有限公司		
开　　本	710 mm×1 010 mm　1 / 16		
印　　张	10	字　　数	155 千字
版　　次	2023 年 2 月第 1 版	印　　次	2024 年 6 月第 2 次印刷
书　　号	ISBN 978-7-5645-9250-9	定　　价	58.00 元

本书如有印装质量问题,请与本社联系调换。

前　言

随着现代城市发展,不规则建筑物大量涌现,震害研究表明,该类建筑的震害表现出平扭耦联的破坏特征。目前该方面的研究多集中在典型多层偏心结构的动力分析上,由于研究者采用的分析假定、输入的地震波等不同,尚未得到具有较普遍性的结论。关于多层偏心结构的参数分析也大都局限于弹性阶段,而弹塑性阶段平扭耦联效应的研究还未真正起步。为此,本书对多层偏心结构弹塑性阶段平扭耦联效应和地震反应分析进行参数研究,以期为不规则结构的抗震设计提供理论基础,为完善结构规范中相关条文规定提供依据。

本书以多层双向偏心结构为研究对象,对从弹性到弹塑性全过程中的平扭耦联效应、地震反应等进行了系统研究,最后利用 ANSYS 软件建立了相应的精细模型,对简化模型及其地震反应参数分析结果进行了验证。

本书共有 5 章,具体内容如下:第 1 章为绪论,主要对多层双向偏心结构平扭耦联效应及地震反应研究的意义、现状和存在的问题进行了概述,希望为读者提供一个较为全面的研究框架。第 2 章以典型的多层双向均匀偏心框架结构为分析模型,建立了由双向抗侧力构件构成的多层双向均匀偏心简化模型,并在弹性简化模型基础上,提出了弹塑性简化模型。简化模型的提出为后续一系列参数分析奠定了基础。第 3 章为多层双向偏心结构平扭耦联效应研究。首先,为方便展开从弹性到弹塑性全过程参数分析,从不同层数偏心框架自振频率表现出三阶段变化的一般性规律出发,采用最小二乘法将频率大幅度变化的、最为关键的第二阶段拟合成与加载系数成线性关系的斜向直线,为分析提供了方便。以此分别定义了刚性地基上多层双向偏心结构与土-多层双向偏心结构的三个分析阶段,为后续参数分析提供了条件。其次,推导了多层双向偏心结构的运动方程,利用定义的三个分析阶段,对其展开了从弹性到弹塑性全过程中的平扭耦联效应参数分析。第 4 章为多层双向偏心结构地震反应研究。在平扭耦联参数分析的基础上,对多层双向偏心结构展开了三个阶段的地震反应参数分析,分析了位移传递函数、平扭耦联反应程度随各参数的变化趋势,得到了不同阶段扭平频率比和双向偏心率对地震反应影响的普遍性规律。第 5 章利用 ANSYS 程序建立了偏心结构相应的精细模型,对提出的简化模型的动力特性与动力反应进行了验证;通过对不同扭平频率比的精细模型的平扭位移比分析,验证了地震反应参数分析结果。同时,通过全过程地震反应参数分析与动力弹塑性时程分析结果的比较,进一步论证了地震反应参数分析与时域分析存在本质的不同,通过不同阶段的地震反应参数分析得到的结构反应受扭平频率比、偏心率的影响趋势和程度,可为结构进行动力时程分析提供支撑。

本书的出版得到华北水利水电大学高层次人才项目(编号 201803003)的资助。此外,本书引用了国内外许多学者的研究文献,在此一并表示诚挚的谢意。

邝羽平

2022 年 8 月

目　录

1

第 1 章

绪　论

1.1　研究背景及意义

众所周知,地震是伴随地球而存在的一种自然灾害,也是当今世界上人类面临的最大的突发式自然灾害之一。根据不完全统计,近一个世纪以来,共有包括我国唐山市在内的 20 多座城市毁于地震灾害,造成了极大的人员伤亡和财产损失。我国位于环太平洋地震带西部,西南和西北处于欧亚地震带上,自古就是一个地震灾害严重的国家。我国地震区域广阔,地震频繁而强烈,全国有 60% 的国土面积地震基本烈度为 6 度,约一半的城市位于 7 度和 7 度以上地区。地震对房屋的破坏作用是十分复杂的,唐山地震中,唐山市区内 90% 以上房屋彻底倒毁;1985 年墨西哥地震中,远离震中三百多公里的墨西哥市,就有三百多幢房屋倒塌或严重破坏。2008 年 5 月 12 日 14 时 28 分,我国四川省汶川县发生里氏 8.0 级地震,震中位于汶川县映秀镇,震源深度 14 km,给我国造成了重大人员伤亡和经济损失(清华大学土木工程结构专家组 等,2008)。2011 年 3 月 11 日,日本东北部海域发生 9.0 级地震并引发海啸,浪高达数十米,海水迅速淹没临海陆地,原本为了提高抗震性能建造的木结构房屋,在海啸到来时也变得不堪一击。2015 年 4 月 25 日,尼泊尔发生了 8.1 级地震,由于当地建筑物比较陈旧,没有设置相应的抗震措施,所以人员伤亡十分惨重。众多的地震灾害表明,房屋建筑物及构件的破坏倒塌是造成地震中人员伤亡及财产损失的主要原因(李宏男,

1996),地震灾害造成的人力和财力的损失大小与结构及构件的破坏程度密切相关。因此,在科学及经济允许的情况下,应最大程度地通过工程技术和结构设计措施来保证结构构件的抗震稳定与安全性,以保证人民的生命安全,减少在自然灾害中的财产损失。作为结构抗震设计的重要组成部分,结构抗震分析理论的不断发展已是世界上备受关注的课题。

我国正处在土木基础设施快速发展的时期,随着人们对建筑物使用功能要求的提高,体型不规则、结构不对称的建筑也越来越多。如深圳市大梅沙酒店,平面布置如巨龙,结构抗侧力构件分布极其不规则(肖从真 等,2006);大底盘联体结构的北京 MOMA 工程(王翠坤 等,2006)。对于这种质量分布不均匀、抗侧力构件布置不规则的建筑物,各楼层质心与刚心不重合,当其遭遇地震作用时,结构各楼层受到的惯性力与楼层抗力不共线,结构表现出平动与扭转耦联的振动特征。

在国内外多次地震中,不规则建筑物的震害表现出扭转作用的破坏特征,其遭受的地震危害也比相应的非偏心结构更为严重(魏琏,1990;Bugeja et al.,1999)。在 1972 年南美洲 Managua 地震中,位于市中心两个临近的不同结构体系破坏情况的对比,有力地说明了因偏心引起的扭转反应造成的震害。15 层的中央银行为框架体系,因两个钢筋混凝土电梯井与两个楼梯间均集中布置在结构右端而造成很大的刚度偏心,在地震作用下发生强烈扭转,造成严重破坏;而临近的 18 层美洲银行采用对称布置的钢筋混凝土芯墙,遭遇地震后损害轻微(方鄂华 等,2005;魏琏 等,2005)。1985 年的墨西哥地震中,遭受严重震害或倒塌的建筑物中有近 15% 的建筑是由于扭转而发生的破坏(Esteva,1987)。同样由于扭转而导致的震害在我国 1976 年唐山地震、日本 1995 年的 Kobe 地震(杨光 等,2005)和我国台湾 1999 年集集地震中都有所体现,如台中市新高山庄在集集地震中远离刚度中心的一端发生了局部倒塌(Tsai et al.,2000)。2008 年的汶川大地震中,也出现了扭转震害(王亚勇 等,2008)。

在建筑结构形式日益复杂化及结构扭转震害严重的两大背景下,开展对偏心结构平扭耦联地震反应的研究具有重要意义,该研究也是结构抗震设计及研究领域中的重要组成部分。为目前大量出现的不规则结构的抗震设计提供理论基础显得尤为重要和紧迫,这一论点已得到学术界与工程界的普遍共识。

1.2　相关领域研究现状

1.2.1　单层偏心结构平扭耦联问题研究现状

1938 年,美国学者 Ayre R. S. 在《美国地震科学简报》上发表了一篇关于偏心结构在地震作用下平动与扭转耦联作用的文章,之后,关于偏心结构平扭耦联问题的研究逐渐受到学术界与工程界的青睐。

最初该方面的研究工作基本上是从单层偏心结构出发,选取与偏心结构相对应的非偏心结构作为对比分析结构,采用的分析模型主要由刚性楼板与抗侧力构件组成(乔天民 等,1984)。单层单向偏心结构分析模型有两个自由度:一个平动自由度和一个绕竖轴的转动自由度(Bozorgnia et al.,1986;Bugeja et al.,1999;Chandler et al.,1987;Tso et al.,1986;Tso et al.,1980;Tso et al.,1985)。相应的,单层双向偏心结构分析模型有三个自由度:两个沿水平方向的平动自由度和一个绕竖轴的转动自由度(何浩祥 等,2002;何晓宇 等,2008)。

对单层偏心结构弹性阶段的参数分析主要是通过解析法进行的(王耀伟 等,2004a,2004b;Hejal and Chopra,1989a)。通过对单层偏心结构运动方程进行解析,可以确定影响单层偏心结构弹性阶段平扭耦联效应的主要参数为:静力偏心距 e_s、扭平频率比 Ω 及基本周期 T 等。e_s 是指楼层刚度中心与质量中心之间的距离,e_s 越大,结构反应的平扭耦联效应越强,e_s 为零时,结构反应中不存在平扭耦联效应。在动力情况下的结构偏心距称为动力偏心距,习惯上用 e_d 表示,e_d 与 e_s 的比值代表了偏心结构的动力放大效应(王云剑,1979)。扭平频率比 Ω 是指偏心结构相应的非偏心结构的第一扭转圆频率与第一平动圆频率之比。通常当 $\Omega > 1$ 时,结构反应以平动为主,此类结构称为 torsionally stiff，即扭转刚性结构；当 $\Omega < 1$ 时，结构反应很大程度上受到扭转的影响，此类结构称为 torsionally flexible，即扭转柔性结构，因此结构设计中也往往要求避免取较小的扭平频率比值（Humar et al.，1998）。T 通常是指偏心结构相应的非偏心结构的第一阶平动周期（Hejal et al.，1989a）。

各学者对单层偏心结构弹性阶段平扭耦联的研究基本获得了较为一致的结论。研究表明（王耀伟，2003），增大偏心率会增大结构基底扭矩，减小基底剪力、倾覆弯矩及顶层平动位移；偏心结构在地震作用方向上承受的剪力通常小于相应的非偏心结构在地震作用方向上承受的剪力，当扭平频率比 $\Omega \leqslant 1$，且偏心率较大时，这种现象更为明显。当扭平频率比 Ω 接近于 1时，扭转频率与平动频率接近，此时结构在水平地震作用下平扭耦联效应最为强烈，即使静力偏心距 e_s 很小，扭转反应还是很大。从动偏心距的概念来讲，扭平频率比 Ω 接近 1 的结构的静力偏心距 e_s 被放大了几倍，而对于扭平频率比 $\Omega > 1$ 的结构来说，动偏心距与静偏心距接近，扭转频率没有被激励起来，而当扭平频率比 Ω 为 0.8 ~ 1.2 时，动力放大效应最为明显。

与弹性阶段分析相比，弹塑性阶段分析遇到的困难之一是弹塑性阶段平扭耦联反应需要更多的参数来描述。对于处在弹性阶段的结构，抗侧力构件数目、抗侧刚度、几何布置及强度等均不会发生变化，只要结构的阻尼、自振频率、偏心率及扭平频率比等确定下来，结构在某一地震激励下的平扭耦联振动也能确定。当结构进入弹塑性阶段时，各抗侧力构件在往复地震作用下加载受力、进入屈服、卸载、反向加载等等，结构的刚心位置、扭平频率比和周期也在不断变化。抗侧力构件的数量、刚度布置、垂直于地震作用方向的抗侧力构件提供的抗扭刚度及结构几何平面等都会影响到结构的弹塑性反应。正是因为影响偏心结构弹塑性阶段反应的因素如此之多，该方面的研究有时不能获得较为一致的结论。

1981 年，Kan 和 Chopra（1981）最早开展了单层偏心结构在地震作用下的弹塑性阶段参数分析。分析认为，扭平频率比 Ω 对弹塑性阶段反应有较大的影响，特别是扭平频率比 Ω 接近于 1 时，影响更为明显；刚度偏心对弹塑性阶段平扭耦联效应及构件变形的影响非常复杂，只有在抗扭刚度较大（$\Omega \geqslant 2$）时，平扭耦联效应才会随着偏心率的增大而增大；进入到弹塑性阶段后,平扭耦联效应降低,结构反应接近于平动。Syamal 和 Pekau(1985)、Tso 和 Sadek(1985)及 Bozorgnia 和 Tso(1986)也都对单层单向偏心结构在不同地震激励作用下弹塑性阶段反应进行了研究,并着重考察了构件的延性需求及构件位移。研究发现,扭平频率比 Ω 是影响弹性阶段反应的一个主要参数,在弹塑性阶段对构件延性需求的影响并不明显,扭平频率比 Ω 接近于 1 时,小偏心结构弹塑性阶段的平扭耦联效应并不强烈,这与线弹性阶段分析结果完全不同。刚度偏心对构件延性需求影响很大,在某些情况下,增大偏心率能显著增加构件延性需求。Bozorgnia、Tso 及 Sadek(1986;1985)认为,进入弹塑性阶段后,结构反应并非主要以平动为主,这与 Kan 和 Chopra (1981)的研究结论相矛盾。Tso 和 Bozorgnia(1986)指出弹塑性有效偏心率随着结构偏心率的增大而增大,而随扭平频率比的变化并不敏感。

　　上述文献之所以得到不同甚至相反的结论主要是因为他们采用了不同的分析模型,且参数定义方式也有所不同。虽然上述文献中采用的都是刚性楼板假定下的单层单向偏心简化模型,但是模型中包含的构件数目并不完全相同。Kan 和 Chopra(1981)采用了简单的单个抗侧力构件组成的模型;Tso 和 Sadek(1985)、Bozorgnia 和 Tso(1986)均采用了三个抗侧力构件组成的模型;而 Syamal 和 Pekau(1985)采用了四个抗侧力构件组成的模型,两个构件平行于地震作用方向,两个构件垂直于地震作用方向。这些文献中一些参数的定义方法也不相同。Kan 和 Chopra(1981)、Tso 和 Sadek(1985)及 Syamal 和 Pekau(1985)均是通过绕质心的竖轴来定义和计算扭平频率比 Ω,而 Bozorgnia 和 Tso(1986)是通过绕刚心的竖轴来定义和计算该参数。这些学者均是通过调整抗侧力构件距离楼面几何形心的距离来得到不同大小的扭平频率比。不同的分析模型和参数定义方式都会对分析结果产生重要的影响。

　　上述单层偏心结构弹塑性阶段研究中,并没有把强度偏心当作单独的一个分析参数进行考虑,而是把强度偏心大小设定为等于刚度偏心。Sadek 和 Tso(1989)引入强度偏心的概念,并把它作为衡量结构偏心程度的一个标准,对四个柱子组成的单层偏心结构进行了参数分析。分析认为,刚度偏心率对构件峰值延性需求的影响不大,而这与他们前期采用三个抗侧力构件模型得到的结论(Tso et al.,1985)相互矛盾。Goel 和 Chopra(1990)对单层偏心结构弹塑性阶段影响参数进行了综合分析与探讨,试图得到能够普遍适用的结论。他们在自振频率、扭平频率比、偏心率及阻尼比等基础上,又考虑了强度偏心、超强系数等参数的影响,对不同周期的刚性边构件(结构刚度较大一侧)及柔性边构件(结构刚度较小一侧)的最大位移变化规律进行了研究。基于此,Goel 和 Chopra(1991)又采用四个抗侧力构件组成的模型进行深入研究,以刚度中心处平动与扭转变形及边缘构件的位移峰值衡量上述参数对结构反应的影响。分析结果表明,扭平频率比、刚度偏心率、强度偏心率、超强系数及阻尼比是影响单层偏心结构弹塑性阶段反应的主要参数。与前期的几位学者的研究相比,Goel 和 Chopra 对单层偏心结构弹塑性阶段影响参数的分析比较全面,但是他们采用弹性阶段刚度中心处平动和扭转位移来分析各个参数对结构弹塑性阶段反应影响的做法是值得商榷的,因为在弹塑性阶段刚度中心的位置随着构件刚度的变化而变化。因而,弹塑性阶段刚度中心的反应结果并没有实际考察意义。相对而言,楼层质心在整个反应过程中基本不变,因此采用质心处的反应结果进行分析似乎更为可取。

王耀伟(2003)采用解析法进一步确认了弹性阶段单层偏心结构的影响参数为偏心率与扭平频率比,并以强度偏心为主要影响参数对三个抗侧力构件组成的单层偏心结构弹塑性阶段地震反应进行了参数研究。研究得到,当在分析中引入与楼层强度分布有关的参数——相对强度偏心距后,就可以很好地解释 Tso、Sadek 及 Bozorgnia(1985;1986)与 Kan 和 Chopra(1981)研究中存在的争论。当强度偏心移向刚性抗侧力构件一侧时,结构弹塑性变形增大,此时结果将会与 Tso、Sadek 及 Bozorgnia 的结论相符;而当强度偏心移向柔性抗侧力构件一侧时,弹塑性阶段边缘构件的变形差异将会减小,扭转变形降低,当相对强度偏心增大到一定程度时,将会出现 Kan 和 Chopra 所描述的情况。

不同学者关于平扭耦联效应对偏心结构刚性边构件与柔性边构件影响的研究也存在不同的看法。Tso 和 Ying(1990)采用平行于地震作用方向的三个抗侧力构件组成的偏心简化模型,对结构的弹塑性变形和位移进行分析。研究发现，弹塑性阶段扭转反应对柔性边构件位移反应影响比较明显，而对刚性边构件影响较弱，柔性边构件的位移是相应非偏心结构的 2～3 倍。Mittal 和 Jain(1995)采用相似的分析模型，并考虑了一系列不同的强度偏心，得到了相一致的结论：弹塑性阶段扭转反应对柔性边构件位移反应影响更为明显，并进一步指出柔性边位移增大的原因是强度偏心的存在，强度偏心越大，柔性边延性需求也越大。Chandler 和 Duan(1991)的研究表明，刚性边一侧的构件比相应的非偏心结构遭受的破坏更严重，并认为 Tso 和 Ying(1990)的研究不能充分考虑扭转效应对刚性边构件的影响。Chandler 和 Duan(1997)又根据不同国家抗震规范(NBC-91、NBCC-90、NZS-92)中推荐的等效静力法对偏心结构进行设计，在考虑结构适用性及极限状态的条件下对单层单向偏心结构进行弹塑性地震反应分析。研究表明，结构基本周期对各国规范设计的偏心结构均有一定的影响：对于刚性边来说，长周期结构位移延性需求明显大于中短周期结构；对于柔性边来说，长周期结构位移延性需求略小于中短周期结构。因此，Chandler 认为在分析偏心结构弹塑性阶段的位移延性时，应将结构周期作为一项单独的参数进行考虑。Tso 和 Ying(1990)、Mittal 和 Jain(1995)的研究中均没有把周期当作单独的参数进行考虑。邹银生及刘畅(2007a;2007b)以刚度偏心、强度偏心及自振周期为影响参数，研究了不同单层单向偏心结构在双向地震作用下的弹塑性阶段反应规律。分析表明，平行于偏心方向的刚性边构件最大变形和屈服位移减小，延性需求增大，而柔性边构件最大变形和屈服位移减小，延性需求减小；强度偏心对偏心结构弹塑性扭转反应有较明显的影响；长周期结构受扭转影响较小，而短周期结构受扭转影响较大。

　　上述各学者关于偏心结构弹塑性阶段研究之所以得到不同甚至相反的结论的一个主要原因是采用的分析模型和计算参数不同。不同分析模型差异主要体现在三个方面：①垂直于地震作用是否设置抗侧力构件；②平行于地震作用方向的抗侧力构件数目；③模型分析对象为质量偏心还是刚度偏心。

　　Goel 和 Chopra(1990)对包含与不包含垂直于地震动方向布置的抗侧力构件(横向抗侧力构件)的模型进行了单向地震作用下的研究。研究表明,横向抗侧力构件对结构扭转反应有明显影响,当不设置该方向的构件时,结构的平动反应下降,相应的扭转变形增加,构件位移和延性需求也增加。他们认为,实际结构是以两个方向抗侧力构件来抵抗水平地震作用的,因此,不包含该方向构件的简化模型得到的结论是不符合现实的,甚至有可能是无效的。Correnza 等(1992;1994)对以往文献中的偏心简化模型进行了综述,他们同时在正交两个水平方向输入地震动对包含不同数量横向构件的模型进行对比分析。分析表明,对于长周期、中长周期结构,即使不考虑横向构件的影响也能得到较为满意的结果,而短周期结构的反应受横向构件的影响较大,包含横向抗侧力构件的模型可能会低估柔性边构件的延性需求,导致错误的分析结果。这一观点在 Jiang 等(1996)的研究中得到了证实,他们对平行于地震动方向布置两个构件、三个构件、双向布置构件及质量偏心的四种模型的弹塑性阶段反应进行了对比分析。结果表明,当模型中不包含横向构件时,柔性边构件更为不利,当模型中包含横向构件时,不利边可能出现在刚性边构件。这种变化与扭平频率比、刚度偏心率以及刚度偏心率与强度偏心率的相对大小有关。

Tso 和 Wong(1995)对有六个抗侧力构件组成的偏心简化模型的分析表明,构件提供的总抗扭刚度比构件的强度分布更能影响边缘构件的位移和延性需求,他们建议对于具有双向抗侧力构件组成的偏心结构,进行单向地震作用下的分析即可。Humar 和 Kumar(1999)指出,偏心结构弹性及弹塑性阶段平扭耦联效应的强弱更多是受到弹性阶段以扭平频率比衡量的总抗扭刚度大小的影响。同时指出,横向构件的存在增加了结构的抗扭刚度,降低了柔性边构件的延性需求,而刚性边构件的延性需求可能增大,也可能降低,这一变化主要取决于扭平频率比的大小。

不同研究人员采用的模型中,平行于地震作用方向布置的抗侧力构件数目并不完全相同,得到了不相同甚至相反的结论。Goel 和 Chopra(1990)对平行于地震作用方向的抗侧力构件分别为两个、三个、四个及十六个的偏心简化模型的弹塑性阶段反应进行分析。结果表明,当强度偏心等于刚度偏心时,平行于地震作用方向的构件数目对结构反应的影响并不大;当强度偏心远小于刚度偏心时,抗侧力构件的数目虽然对刚度中心处平动、扭转变形及构件变形影响很小,但是对结构的最大位移延性需求影响较大。因此,他们建议当主要研究偏心结构的扭转效应时,在平行于受力方向布置两个抗侧力构件即可。

Goel 和 Chopra(1990)的研究指出,质量偏心结构与刚度偏心结构的弹塑性阶段反应明显不同,而这主要与相对强度偏心有关。当强度偏心等于刚度偏心时,质量偏心结构与刚度偏心结构的反应都可以用来估计刚心处的变形,但是最大位移延性需求却差别较大;对于无强度偏心结构与强度偏心远小于刚度偏心的结构,质量偏心结构与刚度偏心结构反应差别较大。实际结构的偏心大多是由刚度偏心造成的,而质量偏心结构得到的分析结果有时并不能很好地用来估算实际结构的反应。这也是在分析偏心结构时,明确偏心类型的重要性所在。

综合上述文献可知,对单层偏心结构的研究已经比较成熟,各学者对单层偏心结构弹性阶段平扭耦联的研究也基本获得了较为一致的结论。弹塑性阶段反应的研究有时不能获得相一致的结论,主要是因为不同学者采用的假设条件、分析的偏心类型或参数定义方法所有不同,而对于该方面的研究和探讨已经较多。

1.2.2　多层偏心结构平扭耦联问题研究现状

与单层偏心结构相比,多层偏心结构本身具有不同的楼层偏心情况和结构偏心形式,弹性、弹塑性阶段动力响应也变得更为复杂。多层偏心结构的研究对象主要是一类特殊的偏心结构,即均匀偏心结构:所有楼层的质心和刚心都分别在同一条竖轴上;所有层的楼面对质心回转半径相同;每层抗侧力构件对质心的抗扭刚度与该层抗侧刚度之比为一常数,且与层数无关。已有研究表明(杨绍瑞 等,1988),此类偏心结构比其他类型偏心结构地震扭转反应要强烈得多。

早期多层偏心结构的研究重点基本是放在求解方法上,主要的求解方法有摄动法(Kan et al. ,1977)、振型分解反应谱法及动力时程分析法等。

摄动法(Hejal et al. ,1989b;Hejal et al. ,1989c)求解的一个基本思想

是,一个具有 $3N$ 自由度的刚性楼板假定的 N 层偏心结构地震反应可以通过两类体系的反应来精确确定:(1)多层偏心结构相应的非偏心结构,该体系所有参数特征都与偏心结构一样,且质心与刚心相重合;(2)相关的单层偏心体系,单层偏心体系回转半径与多层偏心结构每一层的回转半径相同,且扭平频率比等于多层偏心结构中某一阶扭转频率与相应的平动频率之比。摄动法是早期求解多层偏心结构弹性地震反应的一种简单实用的方法(杨绍瑞 等,1988)。

利用振型分解反应谱法(李宏男,1992;刘季,1986;朱伯龙 等,1980)求解偏心结构地震反应也适用于线弹性阶段。振型分解反应谱法应用的前提就是振型与自振周期的计算。杨鉴等(1985)推导出任选参考轴位置求高层建筑平动与扭转耦联自由振动的问题,最后进一步给出各层楼面坐标置于质心处时振型与周期的计算公式。Kuang 和 Ng(2000;2001;2009)对偏心框架结构和偏心剪力墙进行了自振分析,通过提出的计算程序,可以快速计算出耦合振动的自振频率和振型。Rafezy 等(2007)提出了一种计算沿建筑物高度存在性能变化的三维偏心框架结构自振频率的简化方法。虽然上述研究都对偏心结构的平扭耦联振型与周期简化计算方法进行了探讨,但对振型的平扭耦联变化规律的分析并未涉及。李宏男(1998)对多维地震作用下结构反应的组合问题进行了研究,对各种组合方法进行了评价。通过理论分析和大量的数值计算对比,建议了偏心结构在多维地震作用下合理的反应谱组合方法,并形成了一部偏心结构在多维地震作用下的翔实专著。

动力时程分析法是将地震波直接输入,用数值积分的方法对偏心结构进行弹性或弹塑性阶段的地震反应分析。魏琏、朱锦心和张善元等均采用此方法对空间偏心框架结构弹塑性阶段地震反应进行了研究。魏琏等(1980)从多层剪扭型结构出发,以二维水平地震波为输入,提出并编制了计算多层偏心结构弹塑性地震反应的相关程序。张善元(1982;1983)以钢框架为对象,考虑金属材料在动力荷载下的应变率效应,用黏-弹-理想塑性模型来模拟材料的力学行为,由此导出地震反应分析的有限元公式;并采用广义应力空间的屈服条件及与其相关联的流动法则,对剪切型框架结构平扭耦联弹塑性阶段地震反应分析提供了一个力学模型。研究表明(魏琏 等,

1980；张善元，1982；张善元，1983），偏心结构弹塑性扭转反应是不可忽视的，但是由于当时计算机发展水平不高，加上弹塑性阶段地震反应的复杂性，各个构件处在复合受力状态，此方法会耗费较大的机时和费用，在当时这种方法也基本用于非常重要的偏心结构地震反应分析及一些特殊需要的课题研究中。

近年来，随着计算机水平的发展，各学者对多层偏心结构的研究重点也多集中在一具体偏心结构的弹性、弹塑性动力时程分析上，代表性学者有戴君武、王耀伟、蔡贤辉、Stathopoulos、Rizwan 和 Halabian 等。

戴君武等（2002；2003a；2003b）研究了单层、多层偏心结构非线性地震反应，探讨了影响偏心结构扭转反应的基本参数；从结构状态方程和偏心体系的层剪力-扭矩等效屈服 EYST 面概念出发，建立了求解偏心结构非线性阶段地震反应的分离-予估-修正递推简化计算方法；以此为基础对偏心结构进行非线性地震反应分析，并对控制结构非线性阶段扭转的相关结构参数进行了讨论和分析。与以往的偏心结构动力分析程序相比，戴君武提出的简化计算方法在数据输入、准备及结果整理等方面的工作量都大大减少，可操作性与实用性都较强。但该方法在应用上只与三个单层偏心结构地震模拟实验结果进行了对比，验证了小变形阶段单层偏心结构地震反应计算结果的可靠性，对于多层偏心结构计算的可靠性还需要多层结构破坏性实验等去进一步证实。

王耀伟和黄宗明（2001；2004a；2004b；2005）通过对一多层偏心结构进行模态分析，认为影响多层偏心结构弹性阶段的主要参数是偏心率与结构整体抗扭刚度，并以强度偏心为弹塑性影响参数对多层质量偏心结构非弹性地震反应进行了研究。结果表明，在不同强度地震作用下，最大位移延性需求基本出现在刚性边抗侧力构件，且基本上能达到柔性边构件位移延性需求的 2～4 倍。

邬瑞锋等（1999a；1999b）和蔡贤辉等（2000；2001a；2001b）提出了多层单向偏心结构弹塑性分析简化模型和动力时程分析方法，并编制了 ZZC 程序。利用该程序，分析了刚度偏心、平动周期、平扭频率比、地震动强度对局部刚度偏心和均匀刚度偏心结构弹性及弹塑性阶段地震反应的影响。得到的主要结论有:偏心层的刚性边构件延性要求小于相应的非偏心结构,且随着偏心率的增大而降低;偏心层柔性边构件延性要求增大较多;对于研究的均匀偏心结构,增大偏心率则增大了刚性侧构件的延性反应,而偏心率较小时,柔性侧构件的延性反应反而随偏心距的增大而减小;增长周期减小了刚性侧构件延性反应,而柔性侧构件的相对延性系数随周期的增长而略有增大。

Stathopoulos 和 Anagnostopoulos(2005)首次采用更接近实际结构的三维塑性铰模型对多层双向偏心框架结构进行双向地震作用下的弹塑性动力时程分析。研究发现,与相应的非偏心结构相比,所谓的"柔性边"比"刚性边"有更大的延性需求,这一结果不同于以往的"简化单层模型"的研究结论,即单层简化模型不足以代表多层偏心结构的弹塑性阶段响应。Rizwan 和 Singh(2012)利用 SAP2000 建立了两类三维框架塑性铰模型进行分析:第一类为质量对称体系,其中包含有强度偏心、刚度偏心及同时具有强度和刚度偏心;第二类为质量偏心体系。研究表明,对于第一类体系,梁扭转延性需求主要依赖于实际强度分布;对于第二类体系,刚性边与柔性边梁的平均延性需求之比能达到2.5~3之间。Halabian 和 Birzhandi(2014)研究了质量偏心、刚度偏心的多层双向偏心框剪结构在双向地震作用下的弹塑性阶段地震反应,用沿结构高度分布的归一化延性需求来评估扭转效应。结果表明,对于双向抗侧力体系的框剪结构,处在柔性边的角柱比相应的框架结构有着更大的延性需求。Oh 等(2021)以单层的理想化模型为研究对象,采用基于能量的设计方法分析和研究了偏心刚度中心对框架地震反应的影响。Sneha 和 Durgaprasad(2022)通过对六种不同层数和结构墙位置的非对称普通建筑和六种不寻常 L 形建筑进行参数研究,分析了平面不规则建筑物的扭转系数变化规律。

关于多层偏心结构弹性及弹塑性阶段动力时程分析中得到的结论并不完全一致,这与他们采用的分析模型、分析的偏心类型、参数计算方法及输入的地震波不同等有关。王耀伟和黄宗明(2001;2004a;2004b;2005)主要分析质量偏心对结构弹塑性阶段反应的影响,而实际上早有文献研究表明质量偏心体系与刚度偏心体系弹塑性反应差别较大(Goel et al.,1990),这一观点在 Stathopoulos 和 Anagnostopoulos（2005）及 Rizwan 和 Singh（2012）的研究中也有所体现，因而，其研究结论是否适用于多层均匀刚度偏心结构，也有待验证。邬瑞锋等（1999a；1999b）和蔡贤辉等（2000；2001a；2001b）利用每一层抗侧力构件刚度的一阶矩来近似计算楼层刚度偏心，采用的强度布置方法是基于考虑扭转影响的振型分解反应谱法的强度分布，得到的结论会有一定的局限性。Stathopoulos 和 Anagnostopoulos（2005）及 Rizwan 和 Singh（2012）通过对每一榀框架进行 push-over 分析，得到相应的力-位移关系，并将其拟合成二折线模型，得到每一榀框架的屈服力、屈服位移及弹性抗侧刚度，并以此计算结构的刚度偏心，与邬瑞锋、蔡贤辉等学者采用的刚心计算方法并不相同。

　　上述多层偏心结构弹塑性阶段平扭耦联效应研究中未获得较为一致的结论，唯有对其展开系统的参数分析才能获得弹塑性阶段平扭耦联变化的一般性规律。多层偏心结构弹性、弹塑性阶段动力响应变得更为复杂，导致对多层偏心结构进行地震反应参数分析的并不多，且大都基于弹性阶段。李宏男和尹之潜（1988）对多层偏心结构的弹性阶段扭转反应进行参数分析，重点分析了扭平频率比及双向偏心率的影响，得到结论：扭矩随着偏心的增大而增大，偏心结构质心处剪力小于相应的非偏心结构；扭转效应与扭平频率比密切相关，扭平频率比大于 1 时，扭转效应迅速减小；多层偏心结构的弹性阶段反应规律与相应的单层偏心结构反应规律基本相似。该文献分析时只考虑相当于抗震规范里规定的三类场地上地震动记录：迁安、El centro 和宁河记录，不同地震波记录的频率成分会有差异，频率成分的差异对结构地震反应影响较大，从而使计算结果存在随机性，各参数对结构反应的影响也大都对其研究对象有说服性，不宜准确把握参数影响规律。Hejal 和 Chopra（1989b）采用振型分解反应谱法对多层偏心框架结构地震反应进行了参数分析，着重考察了扭平频率比、偏心率、自振周期及梁柱刚度比对平扭耦联的影响。结果表明，扭转反应随偏心率的增大而增大，当 Ω 接近于 1 时扭转效应最为强烈；高阶振型的影响随着自振周期的增大和梁柱刚度比的增大而增大。多层偏心结构弹性阶段反应与单层相似，平扭耦联效应降低了结构底部剪力及倾覆弯矩、顶层平动位移，却增大了底部扭矩。韩阳

（2017）通过复杂偏心结构模型大比例振动台模拟地震试验,得到了模型在地震激励下的位移响应和应力应变结果,分析了在不同性质的地震输入下模型的平动位移和扭转位移的响应规律。根据试验数据反推出原结构的地震响应数据,并将此数据与数值模拟建模计算所得的相应结果进行比较分析。在此基础上进一步考虑地基土的影响,分析土与结构相互作用下复杂偏心结构的扭转效应和其他动力反应的变化规律,在此基础上研究了单层双向偏心结构的有关参数变化规律。

李宏男和尹之潜(1988)、Hejal 和 Chopra(1989b)的分析表明,多层偏心结构弹性阶段扭转反应随参数变化规律与单层偏心结构相似。但当结构进入弹塑性阶段后,即使是对于特殊的多层均匀偏心结构,由于抗侧力构件在往复地震作用下发生屈服、卸载、反向加载,使得结构刚心的位置不断变化,各层刚度中心不再保持在同一竖轴位置,对它的研究也变得更为困难。Duan 和 Chandler(1993;1993)研究认为,单层偏心结构的弹塑性阶段参数变化规律已不适用于描述多层偏心结构弹塑性阶段的运动状态,需引入多层偏心模型进行参数研究。

目前各国规范采用的扭转控制指标不尽相同,主要有扭转位移比 η(层端部最大位移/层平均位移)和相对偏心距两种(韩军 等,2008)。如美国 UBC、NEHRP、IBC,新西兰 NZS4203 和我国《建筑抗震设计规范》(GB 50011—2010)(2016 年版)都采用了扭转位移比控制指标,当 $\eta > 1.2$ 时为不规则结构,NEHRP、IBC 增加了当 $\eta > 1.4$ 时为严重不规则结构。徐培福等(2000)对单向质量偏心引起的高层建筑弹性阶段平扭耦联反应进行研究,利用反应谱理论得到了结构顶部相对扭转效应 $\theta r/u$(θ、r 分别为结构顶部质心处扭转角及结构的回转半径,θr 表示由于扭转产生的离质心距离为 r 处的位移,u 为质心位移)与偏心率 e 及耦联周期比 T_t/T_1 的近似计算公式。我国现行行业标准《高层建筑混凝土结构技术规程》(JGJ 3—2010)为控制结构抗扭刚度不能太弱,根据徐培福等学者的研究,对 T_t/T_1 进行了限制,规定"结构扭转为主的第一自振周期 T_t 与以平动为主的第一自振周期 T_1 之比,A 级建筑高度高层建筑不应大于 0.9,B 级建筑高度高层建筑、超过 A 级高度的混合结构及本规程第 10 章所指的复杂高层建筑不应大于 0.85"。

研究表明(徐培福 等,2006):当偏心率较大时,扭转效应随周期比的变化较小;周期比随着偏心率的变化而变化。《高层建筑混凝土结构技术规程》(JGJ 3—2010)中只规定了一个周期比限值,却没有考虑偏心率对周期比限值的影响。

韩军(2009)对不同 T_t/T_1 的六层质量偏心框架结构进行非线性动力分析,讨论了 T_t/T_1 对结构非线性扭转反应的影响。研究认为, T_t/T_1 对偏心结构弹塑性扭转反应没有起到有效的控制。Tso 和 Wong(1995)、Humar 和 Kumar(1999)的研究中也指出偏心结构弹塑性阶段平扭耦联效应更多是受到弹性阶段以 Ω 衡量的总抗扭刚度大小的影响,但没有对多层偏心结构中 Ω 的影响规律进行探讨。

总结上述多层偏心结构的研究文献可知,该方面的研究多集中在对一实际结构的动力弹性、弹塑性时程分析,各个学者采用的分析模型、输入的地震波及参数计算方法等不完全相同,目前得出的结论尚存在差异。部分文献对多层偏心结构展开了弹性阶段参数分析,也获得了一些关于扭平频率比、偏心率对平扭耦联影响的规律性结论,但分析对象基本为单向偏心结构。关于多层偏心结构弹塑性阶段平扭耦联效应的研究尚未获得较为一致的结论,唯有对其展开系统的参数分析才能获得偏心结构弹塑性阶段平扭耦联效应随扭平频率比、双向刚度偏心率变化的规律,而关于该方面的参数分析却并不多见。

1.3　存在的问题

综上所述,目前多层偏心结构的研究主要集中在动力弹性、弹塑性时程分析,研究对象基本都是某一典型偏心结构。由于研究者采用的假定、输入的地震波记录或分析的偏心类型不同,目前得出的结论仍存在差异,甚至有时会得到相反的结果,不能形成具有指导意义的较普遍性的结论。参数分析则是能得到普遍性结论的较好方法,部分文献对多层偏心结构展开了参数分析,也获得了一些关于扭平频率比、偏心率等对平扭耦联影响的规律性结论,但大都基于弹性阶段下的单向偏心结构。关于扭平频率比、偏心率等对多层双向刚度偏心结构弹塑性阶段平扭耦联影响的参数研究还比较欠缺,有必要引入多层偏心模型进行弹塑性阶段参数分析以获得具有普遍性的结论。因此,建立和采用更加合理、有效的偏心模型对多层偏心结构进行系统的弹性、弹塑性阶段的参数分析已成为当务之急。

我国现行行业标准《高层建筑混凝土结构技术规程》(JGJ 3—2010)为控制结构抗扭刚度不能太弱,对扭转周期比 T_t/T_1 进行了限制。但事实上,该条文规定是基于单向质量偏心结构顶层相对扭转效应研究的结果,在规定时并没有考虑偏心的影响。关于双向刚度偏心结构中双向偏心率对周期比限值的影响关系如何还未有探讨,需要进一步分析。

1.4　主要研究内容

针对以上对多层偏心结构研究存在的问题,本书对多层双向偏心结构的合理简化模型、从弹性到弹塑性全过程中的平扭耦联效应参数分析、地震反应参数分析、不同偏心对周期比限值的影响等方面进行了系统研究。针对以上几点,本书的主要研究内容有:

1.4.1　多层双向均匀偏心结构空间简化模型的建立

以一般典型的多层双向偏心框架结构为分析模型,建立了带有双向抗侧力构件的多层双向均匀偏心简化模型,并对弹性简化模型进行改进,得到了弹塑性简化模型。利用非线性静力分析方法,对比分析了原模型与相应的简化模型受力全过程中的层间位移、自振频率及扭平频率比随加载系数的变化规律,对弹塑性简化模型的适用性和准确性进行了验证。

1.4.2 多层双向偏心结构受力全过程平扭耦联参数分析

基于提出的多层双向偏心简化模型,利用 MATLAB 自编程序采用逐步加载的方式对其进行了非线性静力全过程分析,分析了受力全过程中自振频率等变化规律。根据不同层数偏心框架结构自振频率变化特点,总结出结构从弹性至弹塑性全过程中频率变化的一般性规律,并采用最小二乘法将最为关键的第二阶段频率拟合成与加载系数呈线性关系的斜向直线,从而可以在该阶段中任意点处展开分析,并以此定义了受力全过程的三阶段分析。在此基础上首次实现了多层双向均匀偏心结构平扭耦联效应全过程参数分析,得到了三个阶段内扭平频率比及双向偏心率对平扭耦联效应影响的一般性规律;分析了双向偏心率对偏心结构周期比的影响。

1.4.3 多层双向偏心结构地震反应参数分析

在平扭耦联效应研究的基础上,对多层双向偏心结构进行了三个阶段的地震反应参数分析。结合得到的三个阶段内刚性地基上偏心结构的运动方程,在各个阶段内对相应的运动方程进行频域内求解,得到了结构的地震反应解。分析了不同阶段内模态坐标传递函数、位移传递函数曲线随外界激励频率的变化;研究了扭平频率比及双向偏心率对位移传递函数峰值的影响规律,并分析了从弹性到弹塑性全过程中的各参数对平扭耦联反应程度的影响,得到了弹性、弹塑性阶段扭平频率比及双向偏心率对地震反应影响的普遍性规律;分析了双向偏心率对位移比随周期比变化大小的影响。

1.4.4 实际结构精细有限元模型计算与分析

以 ANSYS 软件为计算工具,建立了简化模型相应的偏心结构精细模型。通过模态分析和动力弹性、弹塑性时程分析,对本书提出的简化模型的动力特性与动力反应进行了验证；通过对不同扭平频率比的精细模型的平扭位移比分析，对地震反应参数分析结果进行了验证，揭示了地震反应参数分析与时域内分析的不同和地震反应参数分析所占的优势；分析了柱子中楼面扭转位移产生的内力与纯平动位移产生内力的比值的变化规律，得到了可供实际结构分析参考的结论。

第 2 章

多层双向偏心结构简化模型
及其适用性分析

2.1 引言

已有研究表明(Duan et al.,1993;Chandler et al.,1993),单层偏心结构弹塑性阶段参数变化规律已不适用于描述多层偏心结构弹塑性阶段的运动状态,需引入多层偏心模型进行研究。以往采用不同多层偏心模型进行的研究尚未能得到相对较统一的结论(Stathopoulos et al.,2005;Rizwan et al.,2012),建立和采用更加合理、有效的模型对多层偏心结构进行弹塑性阶段研究已成为当务之急。不同的研究重点需采用不同的模型,当对偏心结构进行平扭耦联参数分析时,需通过调节构件布置等得到一系列不同扭平频率比、偏心率的模型。此时若采用实际偏心模型进行调节则比较烦琐,参数大小不易把握和控制,甚至无法实现,而采用简化模型则容易达到此目的。

为更好地研究多层双向偏心结构弹塑性阶段平扭耦联变化规律,本章从典型的多层双向均匀偏心框架结构出发,建立了一种适用于弹塑性阶段分析的带有双向抗侧力构件的空间简化模型,并利用全过程非线性静力分析对原模型和相应简化模型进行了对比,验证了简化模型的准确性及弹塑性阶段分析的适用性。

2.2　简化模型的建立

分析原模型为一 $p \times q$ 跨(p 为结构 y 方向的跨数, q 为结构 x 方向的跨数) n 层的双向偏心钢筋混凝土框架结构,平面布置示意图如图2.1所示。

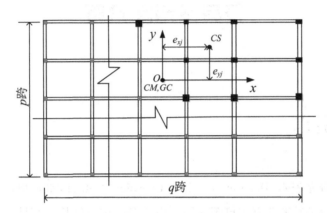

图2.1　典型的 $p \times q$ 跨双向偏心框架结构平面示意图

图2.1中, CM 和 GC 分别表示每层楼板的质心和几何形心, CS 表示楼板刚心位置,第 j 层刚心的两个水平方向坐标分别为 e_{xj} 、 e_{yj} 。书中仅考虑由柱子平面布置不对称性造成的刚度偏心,质量偏心较小,故不考虑质量偏心,近似将质心放在楼面形心处理。每个柱子沿竖向方向无变化,即分析对象为 n 层双向均匀偏心框架结构。

对于多层双向偏心结构,即使在单向地震作用下,结构整体反应仍是两个水平方向的平动与扭转的耦联运动,传统的串联质点系简化模型将难以反映出结构平扭耦联的振动特性,只有具备一定平面尺寸和转动惯量的刚片,才能充分描述偏心结构刚性楼盖的振动状态和特征(刘大海 等,1993)。为此书中采用如图2.2所示的串联刚片系计算模型。

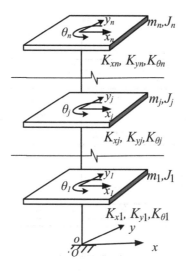

图 2.2　串联刚片系模型

图 2.2 中, x_j 、 y_j 为集中到每层楼面的 x 、 y 方向的平动自由度; θ_j 为绕竖轴的扭转自由度; m_j 为集中到第 j 层楼面处的质量; $J_j = m_j r_j^2$ 为第 j 层楼面绕通过质心竖轴的转动惯量; r_j 为第 j 层楼面绕通过质心竖轴的回转半径。 K_{xj} 、 K_{yj} 分别为第 j 层 x 、 y 方向总抗侧刚度; $K_{\theta j}$ 第 j 层楼面对质心的抗扭刚度。串联刚片系模型计算量小,在对偏心结构前期研究中采用较多,也能获得一些关于偏心结构的认识。当结构进入到弹塑性阶段时,各个构件位移并不同步,屈服顺序也不相同,结构总抗侧刚度和每层楼面对质心的抗扭刚度随着构件抗侧刚度的变化而不断变化,此时图 2.2 所示的串联刚片系模型将不能反映这一变化。因此,为方便对不同扭平频率比、偏心率的模型进行一系列弹性及弹塑性阶段分析,建立平面布置如图 2.3 所示的空间简化模型。

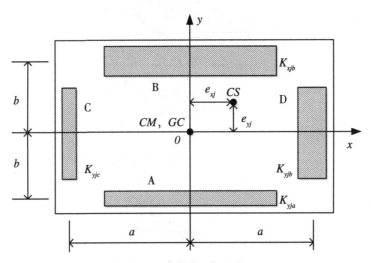

图 2.3　第 j 层简化模型的抗侧力构件平面布置示意图

图 2.3 中,简化模型刚性屋面板支撑在 A、B、C 及 D 四个框架上,忽略框架的厚度,框架 A 和框架 B 由原结构第 j 层 x 方向的框架向两侧合并而成,提供结构 x 方向的抗侧刚度;框架 C 和框架 D 由 y 方向的框架向两侧合并,提供结构 y 方向的抗侧刚度。框架 A 和框架 B 位于 x 轴两侧,距离 x 轴距离为 b;框架 C 和框架 D 位于 y 轴两侧,距离 y 轴距离为 a。K_{xjb}、K_{xja}、K_{yjd} 及 K_{yjc} 分别表示第 j 层各榀框架的抗侧刚度。CM 和 GC 分别表示该层楼板的质心和几何形心,CS 表示楼板刚心位置,第 j 层刚心的两个水平方向坐标分别为 e_{xj}、e_{yj}。

模型假设如下:

(1)每楼面质量及各个抗侧力构件的质量集中到该层楼面质心处;

(2)每层楼面质心在其几何形心处,且各层质心在一条直线上;

(3)每层楼面对质心的回转半径相同;

(4)每层楼面的自由度集中于楼面质心处,且每层楼面有三个自由度:x、y 方向的平动自由度 x_j、y_j 及绕竖轴的扭转自由度 θ_j;

(5)楼面在自身平面内为绝对刚性,平面外刚度很小,忽略不计;

(6)不考虑各抗侧力构件平面外刚度及其自身的抗扭刚度,忽略轴向变形。

将图 2.1 中的原框架模型按照实际抗侧力构件布置简化为图 2.3 中的带有双向抗侧力构件的空间剪切型简化层模型。根据简化模型第 j 层与原模型第 j 层具有相等的两个水平方向总抗侧刚度、对质心的抗扭刚度及相等的双向偏心率,列出简化模型计算公式(2.1) ~ 公式(2.6),公式中的等号右端参数意义同前所述。联立求解出 a、b、K_{xjb}、K_{xja}、K_{yjd}、K_{yjc} 如公式(2.7) ~ 公式(2.12)所示。

$$K_{xjb} + K_{xja} = K_{xj} \qquad (2.1)$$

$$K_{yjd} + K_{yjc} = K_{yj} \qquad (2.2)$$

$$K_{xjb} \times b^2 + K_{xja} \times b^2 = \sum k_{xji} y_{ji}^2 \qquad (2.3)$$

$$K_{yjd} \times a^2 + K_{yjc} \times a^2 = \sum k_{yji} x_{ji}^2 \qquad (2.4)$$

$$\frac{K_{xjb} \times b + K_{xja} \times (-b)}{K_{xjb} + K_{xja}} = e_{yj} \qquad (2.5)$$

$$\frac{K_{yjd} \times a + K_{yjc} \times (-a)}{K_{yjd} + K_{yjc}} = e_{xj} \qquad (2.6)$$

$$a = \sqrt{\frac{\sum k_{yji} x_{ji}^2}{K_{yj}}} \qquad (2.7)$$

$$b = \sqrt{\frac{\sum k_{xji} y_{ji}^2}{K_{xj}}} \qquad (2.8)$$

$$K_{xjb} = \frac{K_{xj}}{2}\left(1 + e_{yj}\sqrt{\frac{K_{xj}}{\sum k_{xji} y_{ji}^2}}\right) \qquad (2.9)$$

$$K_{xja} = \frac{K_{xj}}{2}\left(1 - e_{yj}\sqrt{\frac{K_{xj}}{\sum k_{xji} y_{ji}^2}}\right) \qquad (2.10)$$

$$K_{yjd} = \frac{K_{yj}}{2}\left(1 + e_{xj}\sqrt{\frac{K_{yj}}{\sum k_{yji} x_{ji}^2}}\right) \qquad (2.11)$$

$$K_{yjc} = \frac{K_{yj}}{2}\left(1 - e_{xj}\sqrt{\frac{K_{yj}}{\sum k_{yji} x_{ji}^2}}\right) \qquad (2.12)$$

式中, x_{ji} 和 y_{ji} 分别为原模型第 j 层第 i 根柱子的 x 和 y 坐标; k_{xji} 和 k_{yji} 分别为

原模型第 j 层第 i 根柱子的 x 方向、y 方向的抗侧刚度；$K_{xj} = \sum k_{xji}$ 为第 j 层 x 方向总抗侧刚度；$K_{yj} = \sum k_{yji}$ 为第 j 层 y 方向总抗侧刚度；$K_{\theta j} = \sum k_{xji}y_{ji}^2 + \sum k_{yji}x_{ji}^2$ 为第 j 层楼面对质心的抗扭刚度；e_{xj}、e_{yj} 分别为原模型第 j 层楼面的刚心坐标（静力偏心距）。多层偏心结构的静力偏心距采用近似方法计算，它是由单层偏心结构的偏心距概念引申而来，并不是严格意义上的多层偏心结构的偏心距，是指某层抗侧力构件刚度的一阶矩中心（邬瑞锋 等，1999b；王美丽，2009）：

$$e_{xj} = \sum k_{yji}x_{ji}/K_{yj} \qquad (2.13)$$

$$e_{yj} = \sum k_{xji}y_{ji}/K_{xj} \qquad (2.14)$$

式中，e_{xj} 是由 y 方向抗侧力构件不均匀布置造成的第 j 层楼板 x 方向偏心距；e_{yj} 是由 x 方向抗侧力构件不均匀布置造成的第 j 层楼板 y 方向偏心距。

第 j 层楼面的偏心率是偏心距与体系回转半径的比值：

$$b_{xj} = e_{xj}/r_j \qquad (2.15)$$

$$b_{yj} = e_{yj}/r_j \qquad (2.16)$$

式中，b_{xj}、b_{yj} 分别为第 j 层楼面 x、y 方向的偏心率；r_j 为第 j 层楼面绕通过质心竖轴的回转半径。

楼层参数示意如图 2.4 所示，图中各参数意义同前。

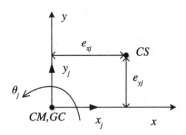

图 2.4　每层偏心楼层参数示意图

对于任意的如图 2.1 所示的多层双向均匀偏心框架结构，利用公式 (2.1) 与公式 (2.6) 即可建立与原模型相应的简化模型。参数分析中通过调整 K_{xjb}、K_{xja}、K_{yjd}、K_{yjc}、a 及 b 的大小来建立一系列不同扭平频率比、不同双向偏心率的偏心简化模型,具体调整方法和原则详见本书第 3.4.2 节。

2.3　非线性静力分析

2.3.1　恢复力模型的选取和计算

在结构分析中,一般称杆端力与位移的关系为恢复力模型,恢复力模型一般可以分为基于构件的恢复力模型、基于截面的恢复力模型及基于材料的恢复力模型,几种模型的特点如下(陆新征 等,2009;罗熠,2012):

(1)对于受力比较明确的杆件,可以采用基于构件的恢复力模型,即直接给出构件的杆端力–杆端位移关系;剪切型框架结构弹塑性分析通常简化为层模型,此时可以把层间杆件等效为剪切变形为主的杆件,直接给出杆件的剪力与横向变形的关系;另外,剪力墙结构分析中通常可以将剪力墙简化为一系列弹簧,弹簧是考虑剪力墙受荷特性、材料组成及几何形状的综合参数,它可以承担轴向荷载、剪切荷载或弯曲荷载,这也是一种基于构件的恢复力模型。

(2)基于截面的恢复力模型是通过有限元函数,将杆端力–杆端位移关系和截面力–位移关系联系起来,钢筋滑移、塑性内力重分布等影响都可以在该模型中得到体现;此类模型一般可以由试验中得到的弯矩–曲率曲线进行简化得到,对于以弯曲破坏为主,轴力变化不大或者轴力影响可以预测的问题,可以采用该模型。

(3)在基于截面模型的基础上,进一步引入平截面假定,将截面力–位移关系和材料的应力–应变关系联系起来的模型为基于材料的模型;此模型可以考虑轴力与弯矩的共同影响,但是计算比较复杂。

书中抗侧力构件的力与位移关系采用基于构件的双线性恢复力模型,如图 2.5 所示。

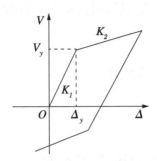

图 2.5 构件的双线性恢复力模型

图 2.5 中，K_1 表示抗侧力构件（柱子）的弹性阶段刚度；K_2 表示构件屈服后的刚度，取屈服前构件刚度值的 10%（张新培，2003）；V_y、Δ_y 分别为构件的屈服剪力和屈服位移，计算方法如公式（2.17）、（2.18）（何政 等，2007）：

$$V_y = \frac{2M_y}{H_n} \tag{2.17}$$

$$\Delta_y = \frac{1}{(1-\eta)h_0} \frac{H^2 f_y}{6E_s} \tag{2.18}$$

式中，H_n 和 H 分别为结构柱的净高和高度；h_0 为柱子截面有效高度；f_y 为受拉钢筋抗拉强度设计值；E_s 为受拉钢筋弹性模量；M_y 和 η 分别为构件截面屈服弯矩和混凝土受压区高度系数，可按简化公式（2.19）、（2.20）及（2.21）计算。

$$M_y = A_s f_y (h_0 - a_s') + \mu b h_0 f_c \left(\frac{h}{2} - a_s' \right) - 0.5\eta b h_0 f_{c0} \left(\frac{1}{3}\eta h_0 - a_s' \right) \tag{2.19}$$

$$f_{c0} = \frac{\eta}{1-\eta} \frac{f_y}{\alpha_E} \tag{2.20}$$

$$\eta = \left[\left(\rho + \rho' + \mu \frac{f_c}{f_y} \right)^2 \alpha_E^2 + 2\alpha_E \left(\rho' \frac{a_s'}{h_0} + \rho + \mu \frac{f_c}{f_y} \right) \right]^{1/2}$$
$$- \left(\rho + \rho' + \mu \frac{f_c}{f_y} \right) \alpha_E \tag{2.21}$$

式中，A_s 为构件配筋截面面积，f_{c0} 为截面屈服时混凝土最大压应力；ρ、ρ'

为构件截面受拉、受压钢筋配筋率;μ 为轴压比;f_c 为混凝土轴心抗压强度设计值;$\alpha_E = E_s / E_c$,E_c 为混凝土弹性模量;a'_s 为受压钢筋合力点到受压边缘的距离。

采用简化公式计算 M_y 和 η 时的假定如下(高丹盈,1988):

(1)截面弯曲后仍保持为平面,即符合平截面假定;

(2)钢筋与混凝土之间无相对滑移,变形协调;

(3)不考虑受拉区混凝土的影响;

(4)截面上应力、应变均以拉为正,压为负;

(5)计算屈服弯矩时,截面刚刚屈服,受压区混凝土塑性发展不显著,可假设受压区混凝土按照线弹性工作,其钢筋和混凝土应力-应变曲线如图 2.6、图 2.7 所示。

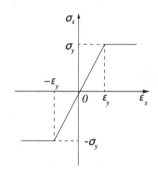 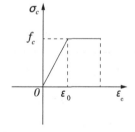

图 2.6　钢筋的应力-应变曲线　　图 2.7　混凝土的应力-应变曲线

图 2.6 中,σ_s、ε_s 分别为钢筋的应力与应变;σ_y、ε_y 分别为钢筋的屈服强度和屈服应变。图 2.7 中,σ_c、ε_c 分别为混凝土的应力与应变;ε_0、ε_{cu} 分别为混凝土的屈服应变与极限应变。构件弹性阶段刚度可以由上述屈服剪力除以屈服位移求得,对于文中分析的框架结构,K_1 也可以采用简单方法计算得到

$$K_1 = 12EI_c / H^3 \qquad (2.22)$$

式中,EI_c 为构件截面抗弯刚度,H 分别为结构柱高度。

2.3.2 非线性静力分析及求解

采用逐步加载的方式将倒三角静力荷载施加在楼层质心处,利用 MATLAB 软件编程采用荷载增量法求解非线性问题。

试验研究表明,层间位移角能够反映钢筋混凝土结构各层间构件变形的综合结果和层高的影响,而且与结构的破坏程度有较好的相关性。我国现行国家标准《建筑抗震设计规范》(GB 50011—2010)(2016 年版)要求对结构在小震作用下进行弹性层间变形验算和在大震作用下进行弹塑性变形验算,并给出了不同类型结构的弹性和弹塑性层间位移角限值。该标准条文说明第 3.10.3 条中给出了按照《建筑地震破坏等级划分标准》划分的性能水准与建筑物破坏等级,并对其相关的破坏描述进行量化,不同性能下继续使用的可能性与相应的变形参考值如表 2.1 所示。

表 2.1　建筑物破坏等级划分

性能水准划分	继续使用的可能性	变形参考值
基本完好 (含完好)	一般不需修理即可继续使用	$<[\Delta u_e]$
轻微损坏	不需修理或需稍加修理, 仍可继续使用	$(1.5 \sim 2)[\Delta u_e]$
中等破坏	需一般修理,采取安全措施后 可适当使用	$(3 \sim 4)[\Delta u_e]$
严重破坏	应排险大修,局部拆除	$<0.9[\Delta u_p]$
倒塌	需拆除	$>[\Delta u_p]$

注:$[\Delta u_e]$、$[\Delta u_p]$ 分别为文献(何浩祥 等,2002)中规定的弹性与弹塑性层间位移角限值。

我国抗震规范中规定的 $[\Delta u_e]$、$[\Delta u_p]$ 是对"小震不坏"和"大震不倒"具体量化指标,而对于"中震可修"性能水平的描述难以在实际设计中得到体现。门进杰等(2008)提出的钢筋混凝土框架结构在不同性能水平时的层间位移角限值见表 2.2,其中正常使用与防倒塌的层间位移角限值与《建筑

抗震设计规范》(GB 50011—2010)(2016 年版)规定的弹性与弹塑性层间位
移角限值相同。

表 2.2　结构性能指标限值(层间位移角)

结构类型	正常使用	暂时使用	修复后使用	防止倒塌
钢筋混凝土框架	1/550	1/400	1/250	1/50

梁兴文等(2006)的研究中指出,对数十榀设有填充墙的框架的试验结
果表明,不开洞的和开洞的填充墙框架的极限侧移角平均值分别为 1/30 和
1/38,考虑到实际结构与试验结构之间的差异以及弹塑性变形计算方法还
不够成熟等因素,对于防止倒塌性能水平,框架结构的极限侧移角限值可取
1/50。

美国 FEMA(联邦紧急事务管理局)发布的 FEMA 273(1996)及 FEMA
356(2000)建议的部分建筑结构性能水平的变形容许位移角见表 2.3。

表 2.3　结构性能变形容许指标

结构类型	变形状态	各个性能水平下的抗侧力构件容许位移角		
		立即居住	生命安全	防止倒塌
混凝土框架	振动过程变形	1/100	1/50	1/25
	永久变形	可忽略	1/100	1/25

美国加州结构工程师协会(SEAOC)的 Vision2000 委员会(SEAOC,
1995),对建筑物基于性能的抗震工程中,结构在不同性能水平下的侧移要
求见表 2.4。

表 2.4　Vision2000 建议的结构性能侧移限值

破坏状态		没有破坏	可修复	不可修复	严重破坏
侧移	最大侧移	0.2%(1/500)	0.5%(1/200)	1.5%(1/67)	2.5%(1/40)
	永久侧移	可忽略	可忽略	0.5%	2.5%

Vision2000 中可修复位移角限值与门进杰等(2008)的分析结果较为接近,FEMA 273 中可修复位移角限值大于门进杰等提出的1/250。一方面与两国建筑物结构形式与构造措施等方面的差异有关;另一方面,门进杰等确定的是修复后使用的量化指标,既考虑了结构的变形状态,又考虑了抗震加固的造价不能过高。

本书主要展开从弹性到弹塑性全过程中的偏心结构平扭耦联效应参数分析。为此,根据现行国家标准《建筑抗震设计规范》(GB 50011—2010)(2016 年版)及梁兴文等(2006)、门进杰等(2008)的研究,以防倒塌性能水平对应的层间位移角 1/50 为限值对偏心框架结构进行非线性静力分析。

利用 MATLAB 软件编程采用荷载增量法实施分析过程,在第 m 级荷载增量作用下,结构总平衡方程可表示为

$$[K_{m-1}]\{\Delta\delta_m\} = \{\Delta P_m\} \quad (m=1,2,\cdots,M) \tag{2.23}$$

式中,$[K_{m-1}]$ 为 $m-1$ 步后依据每个抗侧力构件的位移和恢复力模型判断出构件刚度继而组装成结构新的刚度矩阵,第一步计算时,结构刚度矩阵取初始刚度矩阵,详细推导过程见本书第 3.2 节;$\{\Delta\delta_m\}$ 为第 m 级荷载增量作用下的结构位移增量向量,可表示为

$$\{\Delta\delta_m\} = (\{\Delta\delta_{xm}\}^T \quad \{\Delta\delta_{ym}\}^T \quad \{\Delta\delta_{\theta m}\}^T)^T \tag{2.24}$$

式中,$\{\Delta\delta_{xm}\}^T$、$\{\Delta\delta_{ym}\}^T$ 及 $\{\Delta\delta_{\theta m}\}^T$ 分别为第 m 级荷载作用下结构 x 方向、y 方向平动位移及扭转位移增量向量,可表示为

$$\begin{cases} \{\Delta\delta_{xm}\} = \{\Delta x_{1m} & \Delta x_{2m} & \cdots & \Delta x_{jm} & \cdots & \Delta x_{nm}\}^T \\ \{\Delta\delta_{ym}\} = \{\Delta y_{1m} & \Delta y_{2m} & \cdots & \Delta y_{jm} & \cdots & \Delta y_{nm}\}^T \\ \{\Delta\delta_{\theta m}\} = \{\Delta\theta_{1m} & \Delta\theta_{2m} & \cdots & \Delta\theta_{jm} & \cdots & \Delta\theta_{nm}\}^T \end{cases} \tag{2.25}$$

式中,Δx_{jm}、Δy_{jm} 及 $\Delta\theta_{jm}$ 分别为第 j 层楼面第 m 步 x 方向、y 方向及扭转方向位移增量。

$\{\Delta P_m\}$ 为第 m 级荷载增量向量:

$$\{\Delta P_m\} = (\{\Delta P_{xm}\}^T \quad \{\Delta P_{ym}\}^T \quad \{\Delta P_{\theta m}\}^T)^T \tag{2.26}$$

式中,$\{\Delta P_{xm}\}^T$、$\{\Delta P_{ym}\}^T$ 及 $\{\Delta P_{\theta m}\}^T$ 分别为第 m 步的结构 x 方向、y 方向及

扭转方向荷载增量向量,可表示为

$$\begin{cases} \{\Delta P_{xm}\} = \{\Delta P_{x1m} \quad \Delta P_{x2m} \quad \cdots \quad \Delta P_{xjm} \quad \cdots \quad \Delta P_{xnm}\}^{\mathrm{T}} \\ \{\Delta P_{ym}\} = \{\Delta P_{y1m} \quad \Delta P_{y2m} \quad \cdots \quad \Delta P_{yjm} \quad \cdots \quad \Delta P_{ynm}\}^{\mathrm{T}} \\ \{\Delta P_{\theta m}\} = \{\Delta P_{\theta 1m} \quad \Delta P_{\theta 2m} \quad \cdots \quad \Delta P_{\theta jm} \quad \cdots \quad \Delta P_{\theta nm}\}^{\mathrm{T}} \end{cases} \quad (2.27)$$

式中,ΔP_{xjm}、ΔP_{yjm} 及 $\Delta P_{\theta jm}$ 为第 j 层楼面第 m 步 x 方向、y 方向及扭转方向荷载增量。

结构各层楼面第 m 步的总位移计算公式:

$$\{\delta_m\} = \{\delta_0\} + \sum_{q=1}^{m} \{\Delta \delta_q\} \quad (2.28)$$

式中,$\{\delta_0\}$ 为结构的初始位移向量。

根据各层楼面位移和各柱子的坐标计算各个柱子的位移,第 j 层第 i 根柱子的第 m 步位移计算公式如下:

$$u_{jim} = x_{jm} - \theta_{jm} y_{ji} \quad (2.29)$$

$$v_{jim} = y_{jm} + \theta_{jm} x_{ji} \quad (2.30)$$

式中,x_{ji}、y_{ji} 意义同本书第 2.2 节;x_{jm}、y_{jm} 及 θ_{jm} 分别为第 j 层楼面第 m 步荷载的 x 方向、y 方向及扭转方向的总位移。

当结构只承受 x 方向荷载作用时,取 $\{\Delta P_{ym}\}^{\mathrm{T}} = \{\Delta P_{\theta m}\}^{\mathrm{T}} = \{0\}$ 即可。

按以上步骤对 n 层双向偏心结构进行 x 方向非线性静力分析,根据每一步构件位移和构件恢复力模型,修改各个构件的刚度值,组合成结构新的刚度矩阵进行下一步的分析,直至某层层间位移角达到弹塑性层间位移角限值时停止加载。整个分析过程利用 MATLAB 软件中 M 语言编程实现,其主要计算流程如图 2.8 所示。

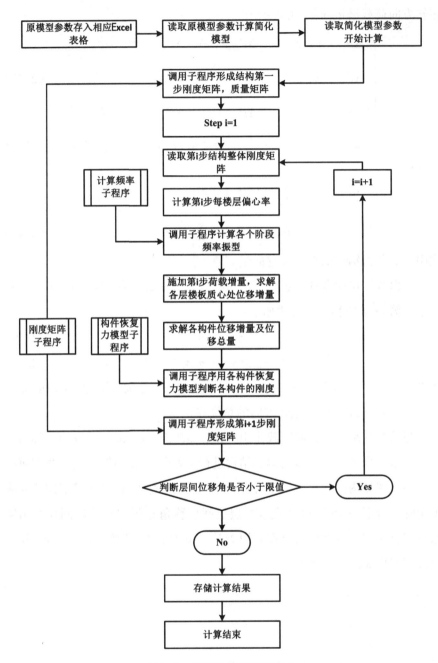

图 2.8　主要计算流程示意图

2.4　简化模型各受力阶段适用性分析

2.4.1　分析算例

以一栋 5×3 跨、跨度分别为 6.9 m 和 6.3 m 的三层双向均匀偏心钢筋混凝土框架结构为分析原模型，平面布置如图 2.9 所示。结构层高 3.9 m，图 2.9 中标为 KZ1 框架柱的截面尺寸（$b_x \times h_y$，b_x 为截面宽度，h_y 为截面高度，下同）为 0.5 m×0.55 m，共有 6 根，其余框架柱截面尺寸为 0.4 m×0.45 m，共有 18 根。框架纵梁尺寸取 0.25 m×0.6 m，框架横梁尺寸取 0.25 m×0.55 m，次梁尺寸取 0.2 m×0.4 m，楼面厚度 100 mm，框架柱、梁、板混凝土强度等级为 C30。由于柱子平面布置的不对称性，造成刚度偏心，而质量偏心较小，故文中不考虑质量偏心。每个柱子沿竖向方向无变化，即分析模型为多层双向均匀偏心框架结构。按公式（2.8）计算的第 j 层 x 方向、y 方向初始偏心率分别为：$b_{xj} = 0.208\ 2$，$b_{yj} = 0.134\ 4$。采用本书第 2.2 节的方法对该框架结构进行简化，得到其简化模型。

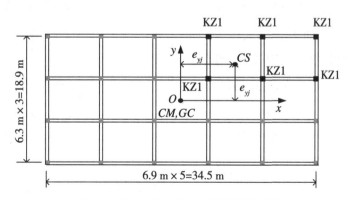

图 2.9　偏心框架结构第 j 层平面示意图

2.4.2 简化模型弹塑性阶段分析

由本书第 2.2 节的推导可知,在建立简化模型的过程中,原模型与简化模型每一楼层 x、y 方向总的抗侧刚度,x、y 方向抗侧力构件提供的对质心的抗扭刚度及两个方向的偏心率保持一致,每一楼层对楼面质心的转动惯量及集中到质心的质量相等。这就决定了原模型与简化模型相应的质量矩阵与刚度矩阵是一致的,从而原模型与简化模型在弹性阶段的结构动力特征值(频率、周期等)相等。由公式(2.1)~(2.6)可看出,在弹性阶段分析时,实际模型中第 j 层的 k_{xji} 和 k_{yji} 不变,则 K_{xj} 和 K_{yj} 不变,则相应简化模型第 j 层的 b 和 a 为常数,即简化模型在弹性阶段可以非常精确地反映出原模型的动力特性。

在原模型由弹性阶段进入弹塑性阶段的过程中,各个抗侧力构件的刚度变化将会分为两个阶段 K_1 和 K_2,即 k_{xji} 和 k_{yji} 会随着外荷载而变,由公式(2.7)和(2.8)可知,相应简化模型的 b 和 a 也会变化。

图 2.10 给出了三层偏心框架原模型在加载过程中相应的简化模型第一层 b 值随加载系数 α(已施加的荷载占最终加在结构上总荷载的比值,最大值为 1)的变化曲线。由图 2.10 可知,当一层平行于荷载方向的构件开始屈服时,b 值发生突变;而当平行于荷载方向的构件全部屈服后,b 值保持稳定。可

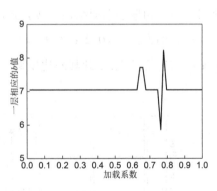

图 2.10 一层的 b 值随 α 的变化

知,当采用简化模型代替原模型进行弹塑性阶段分析时,可适时调整数值 b 获得改进的弹塑性阶段简化模型,从而可以使简化模型更加精确地代替原模型进行弹塑性阶段参数分析。在整个分析过程中,非受力方向构件位移较小,构件抗侧刚度基本处在弹性阶段,相应简化模型中 a 值保持不变。

2.4.3　原模型与简化模型受力全过程对比分析

按本书第 2.3.2 节方法对三层偏心框架原模型及相应的简化模型进行全过程非线性静力分析,每一荷载步后根据构件的位移及恢复力模型判断出构件刚度,组装成结构新的刚度矩阵进行下一步分析,并计算出该荷载步后结构的自振频率、扭平频率比等参数。在全过程分析中,一方面可以了解原模型和简化模型自振频率、位移等随外荷载变化的差异,另一方面了解偏心结构在整个受力过程中频率、扭平频率比等的变化规律。

两种模型的一到三层 x 方向层间平动位移如图 2.11 所示。图 2.11 表明在整个加载过程中,两种模型 x 方向层间位移变化曲线吻合较好,只在一些抗侧力构件屈服的过程中稍有差异,但是差异很小,对于文中展开的一般弹塑性阶段参数分析,用简化模型代替原模型是可靠的。

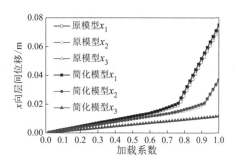

图 2.11　原模型与简化模型 x 方向层间平动位移对比图

图 2.12 给出两种模型前三阶自振频率 f_i（$f_i = \omega_i/2\pi$，$i = 1 \sim 3$）对比图。由图 2.12 可看出,在整个加载过程中,两种模型的前三阶频率吻合较好,仅在结构的某些抗侧力构件的屈服过程中稍有差异。由图 2.12 可得,第一阶自振频率从 2.569 Hz 下降到 0.873 Hz,第二阶和第三阶自振频率也有不同程度的下降,但是下降幅度没有第一阶自振频率大。表明进入弹塑性阶段后,结构自振频率呈现逐步下降趋势,第一阶频率降低幅度最大;结构自振频率等参数发生明显变化,不能继续用初始的自振特性参数描述结构

的弹塑性阶段行为,有必要详细分析弹塑性阶段的频率变化规律。

两种模型的扭平频率比随加载系数变化曲线如图 2.13 所示,此处 ω_θ、ω_x 分别为偏心结构以扭转振型为主(偏心结构主振型的判断方法在本书第 3.3.1 节介绍)的第一扭转频率和以平动振型为主的第一平动频率。图 2.13 表明两种模型的扭平频率比在整个加载过中吻合较好。随着荷载的增加,扭平频率比逐渐增大,其原因是偏心结构以平动为主的第一平动频率逐渐降低,且降低幅度远大于第一扭转频率,两者间差异幅度越来越大。自振频率及扭平频率比的变化对偏心结构平扭耦联效应有着重要的影响,因此,弹塑性阶段平扭耦联效应变化规律仍需要深入分析。

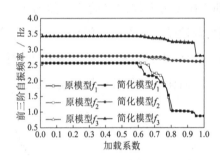

图 2.12　原模型与简化模型前三阶自振频率对比图

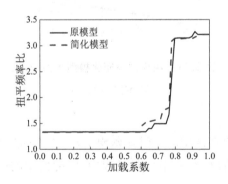

图 2.13　原模型与简化模型扭平频率比对比图

2.5　本章小结

本章从一般典型的多层双向偏心框架结构出发,建立了双向抗侧力构件组成的空间简化模型。采用荷载增量法对多层双向均匀偏心框架结构原模型及相应的简化模型进行全过程非线性静力分析,得到的主要结论如下:

(1)文中提出的双向抗侧力构件简化模型具备与原模型相等的抗侧刚度、抗扭刚度、偏心率及质量等决定结构自振特性的参数,在弹性阶段可以很好地代替原模型进行分析。

(2)结构进入弹塑性阶段时,各抗侧力构件逐渐屈服,通过适时调整简化模型参数,得到了适用于弹塑性阶段分析的弹塑性简化模型。利用全过程非线性静力分析对原模型及简化模型进行对比分析,验证了弹塑性简化模型的准确性及适用性。多层双向偏心简化模型的提出为后续工作中一系列弹性及弹塑性阶段参数分析奠定了基础。

(3)弹塑性阶段时,结构的自振频率、扭平频率比与弹性阶段相比均发生明显变化,并且在弹塑性发展的不同阶段,变化程度也不相同。自振频率及扭平频率比的变化对偏心结构平扭耦联效应有着重要的影响,因此,有必要进一步分析弹塑性阶段偏心结构平扭耦联效应等随参数的变化规律。

(4)通过全过程非线性静力分析发现,在结构由弹性至弹塑性全过程中,自振频率逐渐下降,且表现出三个比较明显的变化阶段,第一阶段为水平直线段,第二阶段为近似斜线的大幅度下降段,第三阶段为变化幅度较小的近似水平段。揭示出各个阶段内频率的变化特点,为后续参数分析打下了基础。

第 3 章

多层双向偏心结构平扭耦联效应研究

3.1 引言

结构在外荷载作用下,各抗侧力构件逐渐进入屈服,且构件的屈服位移不同引起屈服顺序不同,都使结构的抗侧刚度、各层楼面对质心的抗扭刚度等不断随时间变化,从而使结构刚心、扭平频率比、自振频率等不断变化,这些都将会影响到结构的弹塑性阶段平扭耦联效应。以往学者对偏心结构平扭耦联效应展开的参数分析大都局限于弹性阶段,分析对象也基本是单层单向偏心结构。关于多层双向偏心结构从弹性到弹塑性全过程中的平扭耦联效应变化规律的参数分析则较少,对偏心结构弹塑性阶段平扭耦联影响参数的判别及其影响规律的研究等尚处在起步阶段,缺乏系统的认识。因此有必要对多层双向偏心结构受力全过程中平扭耦联变化规律进行研究,对不同阶段的平扭耦联效应展开参数分析。

为此,本章根据不同层数偏心框架结构的自振频率变化特点定义了全过程参数分析,首次实现了对偏心结构平扭耦联效应进行全过程参数研究,得到了不同阶段内扭平频率比、双向偏心率对平扭耦联效应影响的一般性规律,判别出各个阶段内影响趋势的大小及不同;最后分析了不同扭平频率比结构的耦联周期比随双向偏心率的变化规律。本章展开的多层双向偏心结构全过程平扭耦联效应参数分析也为其地震反应参数分析奠定了基础。

3.2　运动方程组的建立

采用直接刚度法(Chopra,2007)建立平面布置如图 2.3 所示的 n 层双向偏心结构,关于总自由度的刚度矩阵,其主要确定步骤如下:

(1)确定每个框架的侧向刚度矩阵;

(2)确定每个框架的位移转换矩阵,将框架的侧向自由度和体系总自由度联系起来;

(3)将第 i 个框架的侧向刚度矩阵转换到体系总自由度中的刚度矩阵;

(4)将所有框架的刚度矩阵相加,得到结构的整体刚度矩阵。

以图 2.3 中 x 方向的框架 A 为例,其侧向刚度矩阵用 $\boldsymbol{k}_{xA}$ 表示,其中 K_{xja} 表示框架 A 第 j 层的层间抗侧刚度。

$$\boldsymbol{k}_{xA} = \begin{bmatrix} K_{x1a} + K_{x2a} & -K_{x2a} & & & & & \\ -K_{x2a} & K_{x2a} + K_{x3a} & -K_{x3a} & & & & \\ & -K_{x3a} & \cdots & \cdots & & & \\ & & \cdots & \cdots & -K_{x(n-1)a} & & \\ & & & -K_{x(n-1)a} & K_{x(n-1)a} + K_{xna} & -K_{xna} \\ & & & & -K_{xna} & K_{xna} \end{bmatrix}$$

$$(3.1)$$

框架 A 的位移转换矩阵 $\boldsymbol{a}_{xA}$ 和侧向自由度 $\boldsymbol{\delta}_A$ 可表示为

$$\boldsymbol{a}_{xA} = [\boldsymbol{I} \quad \boldsymbol{O} \quad -y_A \boldsymbol{I}] \qquad (3.2)$$

$$\boldsymbol{\delta}_A = \boldsymbol{a}_{xA} \boldsymbol{\delta} \qquad (3.3)$$

式中,$\boldsymbol{I}$ 为 n 阶单位矩阵;y_A 为框架 A 的 y 坐标;$\boldsymbol{\delta}$ 为结构整体自由度。$\boldsymbol{\delta}_A$ 可进一步写为

$$\boldsymbol{\delta}_A = (\delta_{A1} \quad \delta_{A2} \quad \cdots \quad \delta_{Aj} \quad \cdots \quad \delta_{An})^T \qquad (3.4)$$

式中,δ_{Aj} 为第 j 层框架 A 的侧向自由度,由下式计算:

$$\delta_{Aj} = x_j - y_A \theta_j \qquad (3.5)$$

式中,x_j 为 j 层楼面的 x 方向的平动自由度,θ_j 为 j 层楼面绕竖轴的扭转自

由度。

δ 为结构整体自由度：

$$\{\delta\} = (\{\delta_x\}^T \quad \{\delta_y\}^T \quad \{\delta_\theta\}^T)^T \tag{3.6}$$

式中，$\{\delta_x\}^T$、$\{\delta_y\}^T$ 及 $\{\delta_\theta\}^T$ 分别为结构 x 方向、y 方向及扭转的整体自由度向量，可进一步表示为

$$\begin{cases} \{\delta_x\} = \{x_1 \quad x_2 \quad \cdots \quad x_j \quad \cdots \quad x_n\}^T \\ \{\delta_y\} = \{y_1 \quad y_2 \quad \cdots \quad y_j \quad \cdots \quad y_n\}^T \\ \{\delta_\theta\} = \{\theta_1 \quad \theta_2 \quad \cdots \quad \theta_j \quad \cdots \quad \theta_n\}^T \end{cases} \tag{3.7}$$

框架 A 在结构总自由度中刚度矩阵用 $\boldsymbol{K}_{xA}$ 表示：

$$\boldsymbol{K}_{xA} = \boldsymbol{a}_{xA}^T \boldsymbol{k}_{xA} \boldsymbol{a}_{xA} \tag{3.8}$$

依次求出其他各个框架的刚度矩阵，则结构的整体刚度矩阵：

$$\boldsymbol{K}_s = \boldsymbol{K}_{xA} + \boldsymbol{K}_{xB} + \boldsymbol{K}_{yC} + \boldsymbol{K}_{yD} \tag{3.9}$$

将各式代入，得到

$$[K_s] = \begin{bmatrix} [K_{xx}] & & [K_{x\theta}] \\ & [K_{yy}] & [K_{y\theta}] \\ [K_{\theta x}] & [K_{\theta y}] & [K_{\theta\theta}] \end{bmatrix} \tag{3.10}$$

式中，$[K_{xx}] = \sum_i K_{xi}$；$[K_{yy}] = \sum_i K_{yi}$；$[K_{y\theta}] = [K_{\theta y}]^T = \sum_i x_i K_{yi}$；$[K_{x\theta}] = [K_{\theta x}]^T = -\sum_i y_i K_{xi}$；$[K_{\theta\theta}] = \sum_i (x_i^2 K_{yi} + y_i^2 K_{xi})$；此处 i 表示 A、B、C 及 D 框架；x_i、y_i 表示框架 i 的 x 坐标或 y 坐标。

该 n 层双向偏心结构承受 x 方向地面加速度 $\ddot{x}_g(t)$ 的运动方程如下：

$$[M_s]\{\ddot{\delta}\} + [C_s]\{\dot{\delta}\} + [K_s]\{\delta\} = -[M_s]l_1\ddot{x}_g(t) \tag{3.11}$$

当不考虑阻尼时，将其展开为下式：

$$\begin{bmatrix} [M] & & \\ & [M] & \\ & & [J_0] \end{bmatrix} \begin{Bmatrix} \{\ddot{\delta}_x\} \\ \{\ddot{\delta}_y\} \\ \{\ddot{\delta}_\theta\} \end{Bmatrix} + \begin{bmatrix} [K_{xx}] & & [K_{x\theta}] \\ & [K_{yy}] & [K_{y\theta}] \\ [K_{\theta x}] & [K_{\theta y}] & [K_{\theta\theta}] \end{bmatrix} \begin{Bmatrix} \{\delta_x\} \\ \{\delta_y\} \\ \{\delta_\theta\} \end{Bmatrix}$$

$$= -\begin{bmatrix} [M] & & \\ & [M] & \\ & & [J_0] \end{bmatrix} \begin{Bmatrix} \{1\} \\ \{0\} \\ \{0\} \end{Bmatrix} \ddot{x}_g(t) \tag{3.12}$$

式中，$[M_s]$ 和 $[K_s]$ 分别为 n 层双向偏心结构质量矩阵和刚度矩阵；l_1 为转换矩阵，$l_1 = [\{1\} \quad \{0\}]^T$，$\{1\}$ 为 n 行元素为 1 的列阵，$\{0\}$ 为 n 行元素为零的列阵；$[M]$ 为 n 阶对角矩阵：$[M] = \mathrm{diag}[m_j]$，m_j 为集中到第 j 层楼面处的质量；$[J_0]$ 为 n 阶对角阵，$[J_0] = \mathrm{diag}[J_j]$，$J_j = m_j r_j^2$，为第 j 层楼面绕通过质心竖轴的转动惯量；r_j 为第 j 层楼面绕通过质心竖轴的回转半径。

　　本章利用得到的刚度矩阵、质量矩阵对多层双向偏心结构进行非线性静力分析，而对于运动方程(3.11)的求解将在本书第 4 章中详细介绍。

3.3　多层双向偏心结构的动力特性分析

3.3.1　振型方向因子的计算

　　分析之前，首先介绍下多层双向偏心结构的振动特征。与非偏心结构相比，偏心结构的每一阶振型都不是单一的振动模式，而是平动与扭转相互耦联的振型。可通过计算振型方向因子来判断平扭耦联振动的主振型(黄小坤，2004；韦承基 等，2002)。

　　结构的质量矩阵 M 在正则化振型向量空间中具有正交性：

$$\boldsymbol{\Phi}^T \boldsymbol{M} \boldsymbol{\Phi} = \boldsymbol{I} \tag{3.13}$$

式中，$\boldsymbol{\Phi}$ 为结构的振型矩阵，$\boldsymbol{I}$ 为单位矩阵，对于第 i 阶振型，则满足：

$$\boldsymbol{\Phi}_i^T \boldsymbol{M} \boldsymbol{\Phi}_i = 1 \tag{3.14}$$

$$\boldsymbol{\Phi}_i = \{\Phi_{x1i} \cdots \Phi_{xji} \cdots \Phi_{xni} \Phi_{y1i} \cdots \Phi_{yji} \cdots \Phi_{yni} \Phi_{\theta1i} \cdots \Phi_{\theta ji} \cdots \Phi_{\theta ni}\}^T \tag{3.15}$$

式中，Φ_{xji}、Φ_{yji} 和 $\Phi_{\theta ji}$ 表示正则化振型向量空间中第 j 质点第 i 阶振型的振型位移分量；n 为结构层数，即质点总数。

　　将式(3.11)中 $[M_s]$ 与式(3.15)代入式(3.14)中整理可得：

$$\sum_{j=1}^{n} m_j \Phi_{xji}^2 + \sum_{j=1}^{n} m_j \Phi_{yji}^2 + \sum_{j=1}^{n} m_j r_j^2 \Phi_{\theta ji}^2 = 1 \tag{3.16}$$

　　定义结构第 i 阶振型的 x 方向平动因子 DX_i、y 方向平动因子 DY_i 及扭转因子 $D\theta_i$ 如下所示：

$$DX_i = \sum_{j=1}^{n} m_j \Phi_{xji}^2 , DY_i = \sum_{j=1}^{n} m_j \Phi_{yji}^2 , D\theta_i = \sum_{j=1}^{n} m_j r_j^2 \Phi_{\theta ji}^2 \tag{3.17}$$

则 DX_i、DY_i 及 $D\theta_i$ 满足：

$$DX_i + DY_i + D\theta_i = 1 \tag{3.18}$$

对于第 i 阶振型，当扭转方向因子 $D\theta_i < 0.5$ 时，该振型的主振型为平动振型，反之，当扭转方向因子 $D\theta_i > 0.5$ 时，该振型的主振型为扭转振型；当 $D\theta_i = 1$ 时，为纯扭转振型，当 $D\theta_i = 0$ 时，为纯平动振型。

以本书第 2.4.1 节分析的三层双向偏心框架结构为例，由于其简化模型共有 9 个自由度，求振型方向因子时不能给出显式求解式，因此需用数值方法编程求解，计算结果见表 3.1。

表 3.1　三层双向偏心框架结构的振型方向因子

振型	1	2	3	4	5	6	7	8	9
x 方向平动因子	0.81	0.17	0.03	0.81	0.17	0.03	0.81	0.17	0.03
y 方向平动因子	0.08	0.68	0.23	0.08	0.68	0.23	0.08	0.68	0.23
扭转因子	0.11	0.15	0.74	0.11	0.15	0.74	0.11	0.15	0.74

由表 3.1 知，该三层双向偏心结构第一、第四及第七阶振型以 x 方向平动为主，同时耦合了 y 方向平动和扭转；第二、第五及第八阶振型以 y 方向平动为主，耦合了 x 方向平动和扭转；第三、第六及第九阶振型以扭转为主，耦合了两个水平方向的平动。研究表明（戴君武 等，2003a），多层单向均匀偏心结构的振型是成对出现的，每一对振型中包含一个以平动为主的振型和一个以扭转为主的振型。本书分析发现，多层双向均匀偏心结构的振型也是成对出现的，且每一对振型中包含两个以平动为主的振型和一个以扭转为主的振型。弹性阶段时相同主振型的各振型方向因子相同，每一阶振型内都包含着两个水平方向的平动与扭转的相互耦联。

3.3.2　不同层数框架的自振频率变化分析

图 2.12 表明，在整个分析过程中，三层偏心框架结构的自振频率近似由

三个变化阶段组成。第一阶段为水平直线段,第二阶段为近似斜线的大幅度下降段,第三阶段为变化幅度较小的近似水平段。为了进一步验证多层偏心框架结构自振频率的这种变化趋势,选取多层结构中有代表性的五层、七层偏心框架结构为研究对象,对其自振频率变化趋势进行分析。五层、七层均匀偏心框架结构平面布置与图 2.9 相同,层高均取 3.9 m。

3.3.2.1　第一阶自振频率变化分析

为方便对比,重新给出三层偏心框架第一阶频率变化曲线,如图 3.1 所示,当加载系数 α 约大于 0.92 时,结构最大层间位移已比较接近于层间弹塑性位移限值的 9/10,根据现行国家标准《建筑抗震设计规范》(GB 50011—2010)(2016 年版),可认为此时结构接近于严重破坏,后文分析中暂不考虑该阶段。

五层均匀偏心框架结构的大柱子(图 2.9 中标为 KZ1 框架柱)截面尺寸为 0.6 m×0.65 m,其余框架柱截面尺寸为 0.5 m×0.55 m。按公式(2.15)与公式(2.16)计算出第 j 层 x 方向,y 方向初始偏心率分别为:$b_{xj}=0.167\,0$,$b_{yj}=0.106\,7$。采用 2.3.1 节方法计算出各构件的弹性抗侧刚度及相应的屈服位移,再根据本书第 3.2 节推导出该五层双向偏心框架结构的运动方程。将刚度矩阵代入公式(2.23)中,按照本书第 2.3.2 节的方法进行非线性静力分析,计算得到的第一阶自振频率 f_1 变化曲线如图 3.2 所示。

七层均匀偏心框架结构的大柱子、小柱子的截面尺寸分别为 0.65 m×0.70 m、0.55 m×0.60 m;第 j 层 x 方向,y 方向的初始偏心率分别为:$b_{xj}=0.151\,6$,$b_{yj}=0.096\,5$。采用本书第 2.3.1 节的方法计算出各构件的弹性抗侧刚度及相应的屈服位移,再根据本书第 3.2 节推导出七层偏心框架结构的运动方程。将刚度矩阵代入公式(2.23)中,按照本书第 2.3.2 节方法进行非线性静力分析,计算得到的第一阶自振频率 f_1 变化曲线如图 3.3 所示。

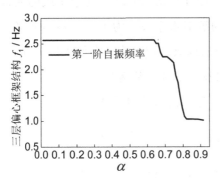

图 3.1　三层偏心框架结构 f_1 随 α 的
变化曲线

图 3.2　五层偏心框架结构 f_1 随 α 的
变化曲线

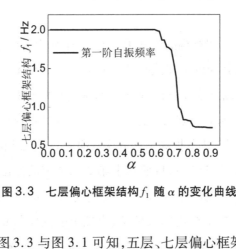

图 3.3　七层偏心框架结构 f_1 随 α 的变化曲线

对比图 3.2、图 3.3 与图 3.1 可知,五层、七层偏心框架结构在整个加载过程中频率变化规律与三层偏心框架的频率变化类似,曲线近似由三个变化阶段组成。总结出频率在三个阶段中的变化特点如下:

第一阶段自振频率随加载系数保持不变,为一条水平线。该阶段中结构处在弹性阶段,未有抗侧力构件屈服,抗侧刚度未发生变化。

第二阶段自振频率逐步降低,且变化幅度较大,频率变化可近似为一斜向直线。该阶段为结构弹塑性逐步发展阶段,抗侧力构件随着外荷载的增加逐渐进入屈服,抗侧刚度逐步减小,且对频率影响较大。

第三阶段频率变化已经比较稳定,变化幅度很小,近似为一水平直线。该阶段为结构弹塑性发展稳定阶段,虽有部分抗侧力构件继续屈服,但对频率影响已很小。

上述分析的三层、五层及七层偏心框架结构算例,虽然结构平面相同,但是构件截面不同,相应的构件弹性抗侧刚度及各自的屈服位移也不相同,故结构初始双向偏心率、扭平频率比等基本参数也均不相同。表明选取的分析算例代表了一般的多层双向偏心框架结构,也说明上述分析得到的三阶段变化规律代表了多层双向偏心框架结构的一般性规律。同时,研究表明(彭英明,2014;王跃方 等,2002;张海顺,2005),其他形式结构的分析中得到的频率变化规律也与文中得到的频率变化趋势相一致。

王跃方等(2002)将框架结构简化为串联多自由度体系,采用 Jacobi 法计算简化体系的前几阶自振周期和振型。根据振型分解反应谱法,对每一阶振型均计算地震影响系数和振型参与系数,算出各阶振型的地震作用。再以地震作用效应"平方和开平方"的近似公式计算组合地震内力,据此反算出作用在各层上的地震作用,采用荷载增量法对结构进行非线性静力分析。最后对三层四跨厂房结构进行了分析,给出了结构前三阶自振周期随外荷载的变化曲线。结果表明,弹性阶段结构自振周期不变,弹塑性阶段自振周期逐步增大,第一阶自振周期增加幅度最大,二阶、三阶自振周期均有不同程度的增大,但幅度均小于第一阶自振周期的变化幅度。由该文献中自振周期变化规律可得到相应的与文中频率变化趋势相一致的自振频率变化规律。

张海顺(2005)采用四条不同地震波对刚性地基上的一栋 14 层的混凝土剪力墙结构的 ANSYS 三维有限元模型进行非线性动力时程分析,利用 ANSYS 二次开发编程逐步提取结构的弹塑性刚度矩阵和质量矩阵,并通过特征值方程求解结构的频率。该文中分析得到的整个非线性动力时程分析中的频率变化趋势与本书的频率变化趋势相一致。

彭英明(2014)利用改编的 IDARC 程序对一榀十层横向框架进行非线性静力分析。分析模型简化为杆系-层模型,梁、柱弯矩-曲率恢复力模型采用 IDARC 程序中应用纤维模型自动生成的三折线模型。分析中提取推覆过程中结构的动力特性,从前三阶自振频率及组合频率下降曲线出发,构造基于频率的损伤指标。分析表明,弹性阶段频率变化为一直线,当有构件开裂时,频率降低,且随着其他构件的开裂或屈服而逐渐降低,该过程中前三阶频率及其组合频率变化都近似为一斜线。

本书分析对象、分析方法等与前述文献(彭英明,2014;王跃方 等,2002;张海顺,2005)均不完全相同,但得到的自振频率变化规律基本一致,由此也说明了在结构由弹性至弹塑性全过程中,频率的这种变化趋势具有一般性。

综合观察图 3.1~3.3 可知,第二阶段频率变化幅度最大,给结构造成的影响也较大,从而成为分析中最为关键和重要的阶段。根据不同层数框架自振频率的第二阶段变化趋势,采用最小二乘法将该阶段频率拟合成与加载系数呈线性关系的斜向直线,以更方便地对该阶段频率进行分析。第三阶段时频率变化幅度很小,且此时结构已临近破坏,不是分析研究的重点,为此分析时可近似取该阶段中频率平均值,以简化计算过程。三个阶段频率变化的一般形式可表示为

$$\begin{cases} f_{1-1} = f_e \\ f_{1-2} = k\alpha + s \\ f_{1-3} = f_{e3} \end{cases} \tag{3.19}$$

式中,f_e 为偏心结构弹性阶段第一阶自振频率;k、s 分别为第二阶段频率线性变化的一次项系数与常数项;α 为相应的加载系数;f_{e3} 为第三阶段频率值,取该阶段中频率平均值。现给出三层偏心框架结构第一阶频率的三个阶段的具体数值,如公式(3.20)所示。

$$\begin{cases} f_{31-1} = 2.569 \, (\text{Hz}) \ (\alpha \leqslant 0.664) \\ f_{31-2} = -9.134\alpha + 8.633 \, (\text{Hz}) \ (0.664 < \alpha \leqslant 0.833) \\ f_{31-3} = 1.028 \, (\text{Hz}) \ (0.833 < \alpha \leqslant 0.916) \end{cases} \tag{3.20}$$

式中,f_{31-1}、f_{31-2} 及 f_{31-3} 分别为三层偏心框架结构的第一阶自振频率 f_1 的三个阶段的具体数值。图 3.4 给出了实际频率 f_1 与三阶段简化频率变化曲线。

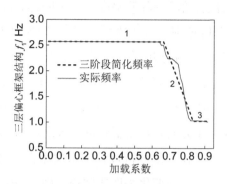

图 3.4　三层偏心框架结构实际频率 f_1 与三阶段简化

频率对比图

对于其他层数的框架,可采用与上述类似的方法进行处理,得到相应的
三阶段简化频率。

3.3.2.2　高阶振型的自振频率分析

为方便对不同扭平频率比、偏心率的一系列模型进行弹性、弹塑性阶段
参数分析,本书以自由度相对较少的三层双向偏心框架结构为对象进行参
数分析。图 3.5 给出了在 x 方向外荷载作用下,三层偏心框架结构的一到九
阶自振频率随加载系数的变化曲线。

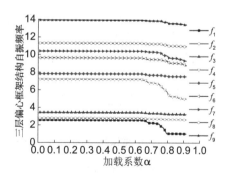

图 3.5　三层偏心框架结构一到九阶自振频率随

α 的变化曲线

由图 3.5 可知,二到九阶自振频率的变化规律与第一阶自振频率变化规

律相似,只在第二阶段各阶频率降低幅度稍有不同,因此均可采用第一阶频率的简化方法进行分段处理。通常情况下,每一阶振型对结构贡献并不相同,因此并不需要对每一阶振型的自振频率都进行处理。书中主要分析在 x 方向外荷载作用下的偏心结构平扭耦联效应变化规律,因此对 x 方向有效振型质量系数达到95%内的前几阶频率进行处理。对于分析的三层双向偏心框架结构,前四阶振型 x 方向有效振型质量系数之和为97.33%。第二阶振型以 y 方向平动为主,且在整个分析过程中未发生振型转变,y 方向抗侧力构件也未屈服,即第二阶频率变化幅度非常小。因此,第二阶自振频率不必进行简化处理,只需对第一、第三及第四阶频率进行分段简化处理即可,以上方法充分体现了在实际应用中的可行性。现给出第三阶自振频率的三个阶段取值,如公式(3.21)所示:

$$\begin{cases} f_{33-1} = 3.437(\mathrm{Hz}) \ (\alpha \leqslant 0.664) \\ f_{33-2} = -0.813\alpha + 3.926 \ (\mathrm{Hz}) \ (0.664 < \alpha \leqslant 0.833) \\ f_{33-3} = 3.251 \ (\mathrm{Hz}) \ (0.833 < \alpha \leqslant 0.916) \end{cases} \quad (3.21)$$

式中,f_{33-1}、f_{33-2} 及 f_{33-3} 分别表示三层偏心框架结构第三阶自振频率的三个简化阶段取值。图3.6给出了实际频率 f_3 与三阶段简化频率变化曲线。

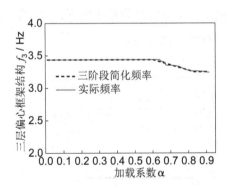

图3.6 三层偏心框架实际频率 f_3 与三阶段简化频率对比图

第三阶频率第二阶段取值 f_{33-2} 对应的实际 α 范围与第一阶频率的第二阶段取值 f_{31-2} 对应的 α 范围并不完全一致,但是在不一致的范围内,第三阶频率变化幅度只有0.902%,变化很小。因此,f_{33-2} 中 α 范围仍近似按 f_{31-2}

的 α 范围进行取值。

第四阶自振频率可采用类似方法处理,此处不再给出具体数值。

3.3.3　全过程三阶段分析的描述

为方便对结构弹塑性阶段的层间抗侧刚度进行描述,可采用等效刚度法(包世华,1991)来确定结构两个主轴方向的层恢复力模型,即将求出的层间剪力-层间位移的关系曲线按照一定方法(郑正昌 等,2000)简化为三折线,如图 3.7 所示。

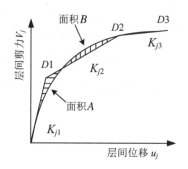

图 3.7　层间等效三线性模型示意图

结构抗侧力构件采用双线性恢复力模型,在加载过程中考虑了楼面扭转对各个构件屈服的影响,层间剪力 V_j -层间位移 u_j 曲线呈现出三线性特征。三线性模型需要确定的参数:第一个折点、第二个折点以及三个阶段的刚度 K_{j1} 、K_{j2} 及 K_{j3} 。具体确定方法(郑正昌 等,2000):K_{j1} 为第 j 层楼层刚度,为该层各构件弹性刚度之和;K_{j2} 描述在各个构件逐渐屈服过程中第 j 层楼层刚度,取第一个折点 $D1$ 和第二折点 $D2$ 连线的斜率,$D2$ 点是根据该层构件位移均已达到屈服位移来确定,$D1$ 点根据阴影面积 A 与阴影面积 B 相等原则确定;K_{j3} 表示第 j 层构件均已屈服后的楼层刚度,取 $D2$ 点和层间剪力-层间位移曲线上 $D3$ 点连线的斜率,$D3$ 点可取该层层间位移与层高之比等于1/100 的那一点。沿一主轴方向对模型进行一次非线性静力分析,即可确定该方向的层恢复力模型。此时,为了得到结构每一层的层间恢复力模型,可能需要多加几个荷载步。在参数分析时,仍以某一层的层间位移角达到《建筑抗震设计规范》(GB 50011—2010)(2016 年版)规定的弹塑性层间位移角限值 1/50 作为限制值来实施参数分析。

本书第 3.3.2 节的分析表明,自振频率变化曲线主要由三个阶段组成,频率的这种变化趋势也反映出结构在外荷载作用下整体抗侧刚度的变化,各层抗侧力构件的屈服情况可通过每层偏心率的变化来了解。图 3.8、3.9 给出一到三层双向偏心率随加载系数的变化曲线。由图 3.8 可明显看出,各层 x 方向偏心率变化曲线为一直线,说明在整个加载过程中,各层 y 方向抗侧力构件一直处在弹性阶段。由图 3.9 可知,b_{y1} 变化曲线上出现一些突变点,之后保持平稳。说明随着 x 方向外荷载的增加,一层 x 方向构件位移逐渐增加,超过了屈服位移,逐步进入了屈服,当一层 x 方向构件全部屈服后,b_{y1} 又保持平稳。二层 x 方向构件比一层晚几个荷载步进入屈服,因此 b_{y2} 随 α 变化曲线的突变点比 b_{y1} 变化曲线的突变点靠后。在整个加载过程中,b_{y3} 保持不变,表明三层 x 方向构件的位移未达到其屈服位移,构件均处在弹性阶段。

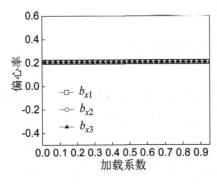

图 3.8 偏心率 b_{xj}($j = 1 \sim 3$)随加载系数 α 的变化曲线

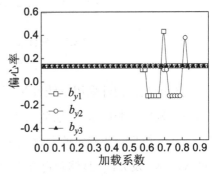

图 3.9 偏心率 b_{yj}($j = 1 \sim 3$)随加载系数 α 的变化曲线

从自振频率三阶段变化特点出发,定义三个平稳的参数分析阶段:第一阶段、第二阶段及第三阶段。以图 3.4 第一阶频率变化曲线为例,其中第一、第三阶段任一点值就能代表整段情况,而对于第二阶段,由于该段是线性直线,取任一点作为代表,其他点可通过线性关系得到。结合结构抗侧力构件弹塑性发展可知,第一阶段参数分析时,结构处于弹性阶段,未有抗侧力构件屈服,一到三层受力方向层间刚度分别处在 K_{11}、K_{21} 及 K_{31}。第二阶段时,一层受力方向抗侧力构件处在逐渐屈服的过程中,不同 α 对应的频率及相应的底层总抗侧刚度不同,从而代表结构在该阶段的弹塑性发展程度也不相同。第三阶段时,一层受力方向构件均已基本屈服,层间刚度已进入到 K_{13};二层受力方向抗侧力构件部分屈服,当第三阶段简化频率取该阶段实际频率的平均值时,层间刚度值约为 K_{22};三层构件处在弹性阶段,层间刚度仍处在 K_{31}。在整个分析过程中,非受力方向抗侧力构件的位移均基本未超过其屈服位移,大都处在弹性阶段,因此文中仅分析非受力方向抗侧力构件处在弹性阶段的情况。根据每个阶段对应的各层层间刚度等,将其带回到刚度矩阵表达式中可以确定每个阶段的刚度矩阵,再代入公式(3.11)中可以得到各个阶段的运动方程。各个阶段运动方程的获得为后续参数分析提供了条件。

3.4　多层双向偏心结构全过程参数分析

3.4.1　参数分析范围

弹性阶段分析时,结构的构件布置和平面形式似乎并不重要,因为结构整体抗侧刚度在整个分析过程中保持不变。而进入弹塑性阶段时,结构整体抗侧刚度和抗扭刚度会随各个构件刚度的变化而变化,不同平面布置的模型中,结构将会有不同的地震反应。由于不同的扭平频率比和偏心率对应着不同平面布置的模型,因此,参数分析范围也显得尤为重要。李宏男等(1988)研究中,给出的单层偏心结构的参数范围为

$$\Omega = \frac{\omega_\theta}{\omega_x} = 1.0 \sim 1.9 \tag{3.22}$$

$$\eta = \frac{e_s}{r} = 0.1 \sim 0.8 \tag{3.23}$$

一般偏心结构的参数分析范围要小于上述数值。美国学者 Kan 和 Chopra(1981)对多层偏心结构进行统计,得到的参数范围为

$$\Omega = \frac{\omega_\theta}{\omega_x} = 1.0 \sim 1.8 \qquad (3.24)$$

$$\eta = \frac{e_s}{r} = 0.1 \sim 0.4 \qquad (3.25)$$

式中,Ω 定义为多层偏心结构对应的非偏心结构的第一阶纯扭转频率 ω_θ 与第一纯平动频率 ω_x 之比,η 为偏心率,e_s、r 的定义见 1.2.1 ~ 1.2.2 节。

过大的 Ω 或 η 会导致极度不现实的模型。因此,结构分析应该选择合适的参数范围。本书参数范围取值:扭平频率比 Ω = 1.0 ~ 1.8,双向偏心率 b_y、b_x 均为 0.1 ~ 0.4。

3.4.2 简化模型刚度布置

参数分析中需调出不同大小的扭平频率比、偏心率的偏心简化模型。对于平面布置如图 2.3 所示的模型,通过适当地调节抗侧力构件的分布建立一系列简化模型,并通过调整构件位置等使结构的刚心(本书第 2.2 节中定义)和质心相重合来建立等效的非偏心结构,即等效的非偏心结构与原偏心结构具有相等的总抗侧刚度和抗扭刚度,只需把偏心率设置为零(Bugeja et al. ,1999)。简化模型调节刚度偏心率的方法一般有两种(蔡贤辉,2001a):①保持各抗侧力构件位置不变,改变偏心层构件的抗侧刚度;②保持偏心层各构件抗侧刚度值不变,改变构件的相对位置。第一种方法在改变构件抗侧刚度的同时也改变了该楼层对刚度中心的抗扭刚度,本书主要进行关于扭平频率比及偏心率的参数分析,采用第二种方法进行调节。具体调节方法和原则如下:

(1)调整 Ω 值:保持结构两正交方向总的水平抗侧刚度、y 方向柱子提供的抗扭刚度及 y 方向构件布置不变(即保持 b_x 不变),通过改变 K_{xjb} 与 K_{xja} 的相对大小(K_{xjb} 与 K_{xja} 之和不变)及 b 值来改变 x 方向构件提供的抗扭刚度的大小,调整中保持 b_y 不变,从而调整 Ω。

(2)调整 b_y 值:保持 y 方向抗侧刚度的分布、总水平抗侧刚度大小和其

对静刚心的抗扭刚度不变(即保持 b_x 不变),通过改变结构中 x 方向抗侧构件的分布来调节 b_y 的大小。即保持 a、b 值及 K_{yjd}、K_{yjc} 不变,通过调整 K_{xjb}、K_{xja} 的相对大小(K_{xjb} 与 K_{xja} 之和不变),获得 b_x、Ω 相同而 b_y 不同的结构模型。

(3)调整 b_x 值:保持 x 方向抗侧刚度的分布、总水平抗侧刚度大小和其对静刚心的抗扭刚度不变(即保持 b_y 不变),通过改变结构中 y 方向抗侧构件的分布来调节 b_x 的大小。即保持 a、b 值及 K_{xjb}、K_{xja} 不变,通过调整 K_{yjd}、K_{yjc} 的相对大小(K_{yjd} 与 K_{yjc} 之和不变),获得 b_y、Ω 相同而 b_x 不同的结构模型。

如当调整偏心率 b_y 时,计算方法见公式(2.5)、(2.6)、(2.13) ~ (2.16),此时相当于已知 b_y(e_y),需通过调整 K_{xjb}、K_{xja} 和 b 的大小来得到所需的 e_y。但同时不能改变 Ω 值,则需要保持 b 不变,所以需改变 K_{xjb} 与 K_{xja} 的相对大小来得到 b_y。利用 MATLAB 编程可以在保持 K_{xjb} 与 K_{xja} 之和不变的情况下,求出相应的 K_{xjb} 与 K_{xja} 值。其他参数的调整方法类似。需注意的是,由于三层双向偏心简化模型有 9 个自由度,在调整 Ω 时不能给出显式求解式,需用数值方法编程试算求出。

3.4.3　相对振型频率分析

由本书第 3.3.3 节分析可知,第二阶段频率简化为斜直线后,只要取其中一点进行分析就能知道其他点的情况,然而,从结构弹塑性发展的角度出发,不同点代表着结构进入不同的弹塑性发展状态。为具有代表性,本书取第二阶段靠近中间的一点 $\alpha = 0.747$ 处进行分析。

偏心结构与相应非偏心结构的归一化频率比的大小可以反映出偏心结构平扭耦联效应强弱。根据多层双向偏心结构振动特征,本节主要分析相对振型归一化频率比:ω_1/ω_x、ω_2/ω_y、ω_3/ω_x 及 ω_3/ω_θ 随 Ω、b_x 及 b_y 的变化规律,其中 ω_1、ω_2 和 ω_3 为偏心结构前三阶自振频率,ω_x、ω_y 和 ω_θ 分别为偏心结构相应的非偏心结构第一 x 方向纯平动频率、第一 y 方向纯平动频率和第一纯扭转频率;对振型方向因子 DX_i、DY_i 及 $D\theta_i$ 随 Ω 及 b_x 与 b_y 的变化规律也进行了探讨。

定义:G1 代表偏心结构第一阶自振频率与相应的非偏心结构第一 x 方向纯平动频率的比值为 1;G2 代表偏心结构第二阶自振频率与相应的非偏心结构第一 y 方向纯平动频率的比值为 1;G3 代表偏心结构第三阶自振频率与相应的非偏心结构第一 x 方向纯平动频率的比值为 1;G4 代表偏心结构第三阶自振频率与相应的非偏心结构第一纯扭转频率的比值为 1。以相同的方式分别定义水平面 level 1,水平面 level 2,水平面 level 3 及水平面 level 4。

3.4.3.1　扭平频率比 Ω 的影响(b_x=0.2)

由不同阶段中随 Ω 变化的第一阶相对振型频率 ω_1/ω_x(图 3.10)可知,当 b_y 和 b_x 不变时,随着 Ω 的增大,ω_1/ω_x 逐渐靠近 G1。表明随着 Ω 的增大,ω_1 越来越接近 ω_x,第一阶振型平扭耦联效应减弱,振型中平动变形成分逐渐增加,耦合的扭转变形成分逐渐减少,第一阶振型趋向于非偏心结构第一阶纯平动振型。从第一阶段至第三阶段,ω_1/ω_x 越来越靠向 G1,趋向于一条直线,Ω 对 ω_1/ω_x 的影响减弱;不同 b_y 下 ω_1/ω_x 随 Ω 的变化差异也越来越小。表明结构抗侧力构件的屈服减弱了该方向平动与扭转的耦联效应,导致 ω_1 越来越接近 ω_x;弹塑性的逐步发展削弱了结构的双向偏心效应,b_y 相同时,Ω 越小,削弱幅度越大。

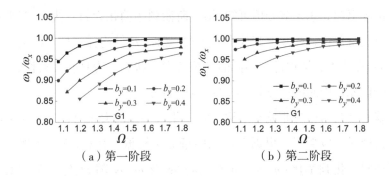

(a) 第一阶段　　　　　　　(b) 第二阶段

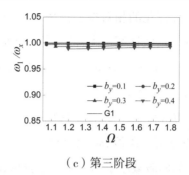

（c）第三阶段

图3.10　不同阶段中随 Ω 变化的 ω_1/ω_x

由不同阶段中随 Ω 变化的第二阶相对振型频率 ω_2/ω_y 图 3.11 可知，当 b_y 不变时，ω_2/ω_y 随着 Ω 的增大逐渐靠近 G2。表明 ω_2 随着 Ω 的增大逐渐靠近 ω_y，平扭耦联效应减弱。从第一阶段至第三阶段，ω_2/ω_y 越来越偏离 G2，表明弹塑性的发展增强了第二阶振型平扭耦联效应；当 b_y 一定时，Ω 越小，平扭耦联效应越强。由于第三阶段时结构的整体抗扭刚度削弱较多，而非受力方向抗侧刚度并未变化，从而使得第二阶振型中耦合的扭转成分增加，非受力向平动成分减少。表明结构弹塑性的发展增强了第二阶振型的平动与扭转的耦联效应。

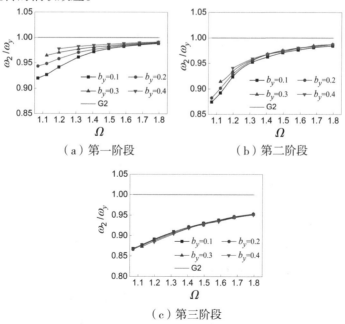

（a）第一阶段　　　　　　（b）第二阶段

（c）第三阶段

图3.11　不同阶段中随 Ω 变化的 ω_2/ω_y

由不同阶段中随 Ω 变化的相对振型频率 ω_3/ω_x（图 3.12）可看出,当 b_y 不变时, ω_3/ω_x 随着 Ω 的增大逐渐偏离 G3。表明当 b_y 不变时, ω_3 随着 Ω 的增大逐渐偏离 ω_x；弹塑性发展过程中, ω_3/ω_x 越来越偏离 G3,且 Ω 越小,从第一阶段到第二阶段,直至第三阶段, ω_3/ω_x 偏离 G3 的幅度越大。这一现象说明 Ω 的增大增强了结构的抗扭刚度,使以扭转振型为主的第三阶振型频率逐渐偏离 ω_x。从第一阶段至第三阶段, ω_3 偏离相应非偏心结构的 ω_x 越来越远。这是因为抗侧力构件的屈服减小了第一阶自振频率, ω_x 随之减小,使得 ω_3 偏离 ω_x 越来越远,即弹塑性的发展减弱了第三阶振型的受力方向平动与扭转耦联效应。

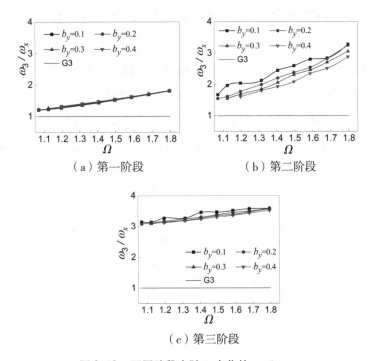

（a）第一阶段　　　　　　（b）第二阶段

（c）第三阶段

图 3.12　不同阶段中随 Ω 变化的 ω_3/ω_x

分析不同阶段中随 Ω 变化的第三阶相对振型频率 ω_3/ω_θ（图 3.13）可知,当 b_y 不变时, ω_3/ω_θ 随着 Ω 的增大逐渐靠近 G4。表明 ω_3 随着 Ω 的增大逐渐靠近 ω_θ,平扭耦联效应减弱。从第一阶段至第三阶段, ω_3/ω_θ 偏离 G4,即 ω_3 逐渐偏离 ω_θ。表明弹塑性的发展增强了第三阶振型的平扭耦联效应。由于第三阶段时受力方向抗侧刚度减小较多,整体抗扭刚度也被削弱,而非受力方向抗侧刚度并未减小,从而第三阶振型中的扭转成分减小,耦合的非受力方向平动成分增加,非受力方向平动与扭转的耦联效应增强。

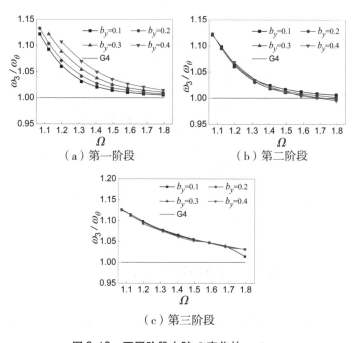

图 3.13　不同阶段中随 Ω 变化的 ω_3/ω_θ

3.4.3.2　偏心率 b_y 的影响(b_x=0.2)

由图 3.14 可知,当 Ω 不变时,随着 b_y 的增大,ω_1/ω_x 逐渐偏离 G1。表明随着 b_y 的增大,第一阶振型平扭耦联效应越来越强,ω_1 逐渐偏离非偏心结构的第一 x 方向纯平动频率 ω_x,振型中的平动成分逐渐减少,扭转成分逐渐增加,第一阶振型接近于相应非偏心结构第一阶纯扭转振型。从第一阶段至第三阶段,ω_1/ω_x 逐渐靠近 G1;不同 Ω 下 ω_1/ω_x 随 b_y 的变化差异也越来越小。表明结构弹塑性的发展削弱了第一阶振型平扭耦联效应,ω_1 越来越接近 ω_x;b_y 的影响被削弱,Ω 不变时,b_y 越大,削弱幅度越大。

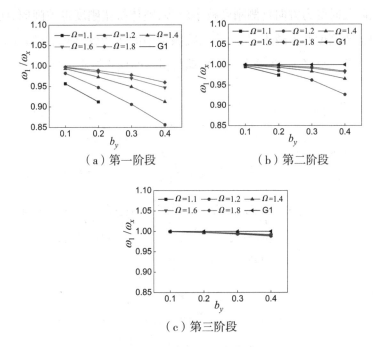

图 3.14 不同阶段中随 b_y 变化的 ω_1/ω_x

分析不同阶段中随 b_y 变化的 ω_2/ω_y（图 3.15）可知，当 Ω 一定时，随着 b_y 的增大，第一、第二阶段时，ω_2/ω_y 逐渐靠近 G2；第三阶段时，逐渐偏离 G2。表明随着 b_y 的增大，第一、第二阶段的第二振型平扭耦联效应随之减弱；第三阶段时，则逐渐增强。从第一阶段至第三阶段，ω_2/ω_y 偏离 G2 越来越远。说明弹塑性发展过程中，平扭耦联效应逐渐增强；当 Ω 一定时，b_y 越大，偏离幅度也越大，平扭耦联效应越强。

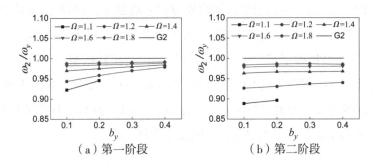

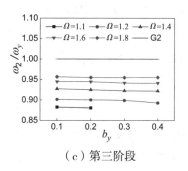

（c）第三阶段

图 3.15　不同阶段中随 b_y 变化的 ω_2/ω_y

ω_3/ω_x 在不同阶段中随 b_y 的变化曲线如图 3.16 所示。当 Ω 不变时，第一阶段时，ω_3/ω_x 随着 b_y 的增大逐渐偏离 G3，在第二、第三阶段时，则逐渐靠近 G3，且从第一阶段至第三阶段不同 b_y 下 ω_3/ω_x 的差异也越来越小。表明第一阶段时 ω_3 随着 b_y 的增大越来越偏离 ω_x，而在第二、第三阶段时，ω_3 随着 b_y 的增大越来越靠近 ω_x。从第一阶段至第三阶段，ω_3 越来越偏离 ω_x，b_y 越大，偏离幅度越大，第三阶振型 x 方向平扭耦联效应越来越弱。

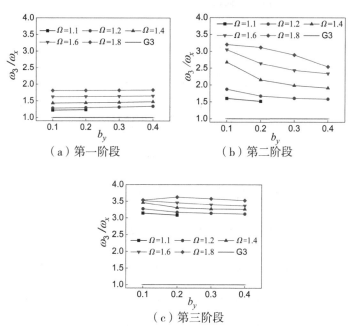

图 3.16　不同阶段中随 b_y 变化的 ω_3/ω_x

由不同阶段中随 b_y 变化的 ω_3/ω_θ（图 3.17）可看出，随着 b_y 的增大，第一阶段时，ω_3/ω_θ 逐渐偏离 G4；第二阶段时，Ω 较小时（$\Omega=1.1$、1.2），ω_3/ω_θ 逐渐偏离 G4，Ω 较大时（$\Omega=1.6$、1.8），逐渐靠近 G4，而 $\Omega=1.4$ 时，先靠近后偏离；第三阶段，$\Omega=1.4$ 时，ω_3/ω_θ 逐渐靠近 G4，其他 Ω 值时的变化规律与第二阶段的变化规律基本相反。表明随着 b_y 的增大，第一阶段的第三振型平扭耦联效应随之增强；弹塑性深入发展的第三阶段时，Ω 较小时，逐渐减弱，而 Ω 较大时，逐渐增强。从第一阶段至第三阶段，ω_3/ω_θ 逐渐偏离 G4。表明弹塑性发展过程中，平扭耦联效应逐渐增强。上述分析也表明，不同的弹塑性发展阶段与 Ω 值的大小对相对振型频率 ω_3/ω_θ 随 b_y 的变化规律有较大影响。

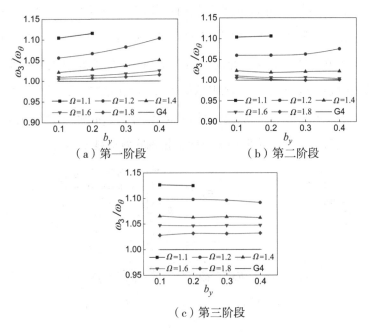

图 3.17　不同阶段中随 b_y 变化的 ω_3/ω_θ

3.4.3.3　偏心率 b_x 和 b_y 的共同影响（$\Omega=1.4$）

由随 b_x、b_y 变化的 ω_1/ω_x 曲面（图 3.18）可得，随着 b_x、b_y 的增大，ω_1/ω_x 曲面逐渐偏离 level 1，b_x、b_y 同时取 0.4 时，偏离幅度最大。表明第一阶自振频率 ω_1 随着双向偏心率的增大越来越偏离相应非偏心结构的第一 x 方向纯平动频率 ω_x，第一阶振型中的扭转变形成分逐渐增加，耦合的平动变形成分逐渐减少,第一阶振型趋向于相应非偏心结构的第一阶纯扭转振型。从第一阶段至第三阶段,ω_1/ω_x 逐渐靠近 level 1,表明弹塑性发展过程中,ω_1 越来越接近 ω_x,第一阶振型中 x 方向平扭耦联效应逐渐减弱,双向偏心率越大,减弱的幅度越大。

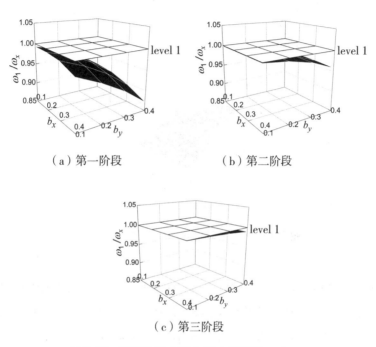

（a）第一阶段　　　　　　　　（b）第二阶段

（c）第三阶段

图 3.18　不同阶段中随 b_x 和 b_y 变化的 ω_1/ω_x

由随 b_x、b_y 变化的 ω_2/ω_y 曲面(图 3.19)可知,第一、第二阶段时,ω_2/ω_y 曲面随着 b_x 的增大、b_y 的减小逐渐偏离 level 2;第三阶段时,随着 b_x、b_y 的增大,逐渐偏离 level 2。任一 b_x 下,ω_2/ω_y 随 b_y 的变化趋势与图 3.15 中相似,不再赘述。表明第一、第二阶段时,随着 b_x 的增大、b_y 的减小,平扭耦联效应逐渐增强;第三阶段时,随着 b_x、b_y 的增大,平扭耦联效应增强。从第一阶段至第三阶段,ω_2/ω_y 曲面逐渐偏离 level 2,表明结构弹塑性的发展使第二阶自振频率 ω_2 越来越偏离非偏心结构的第一 y 方向纯平动频率,第二阶振型的平扭耦联效应逐渐增强。

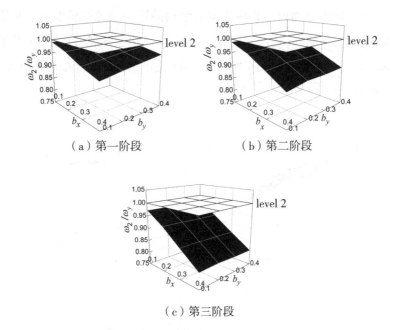

（a）第一阶段　　　　（b）第二阶段

（c）第三阶段

图 3.19　不同阶段中随 b_x 和 b_y 变化的 ω_2/ω_y

由图 3.20 可看出，三个阶段中，ω_3/ω_x 随着 b_x 的增大逐渐偏离 level 3；任一 b_x 下，ω_3/ω_x 随 b_y 的变化趋势与图 3.16 中相似，不再赘述。表明 ω_3 随着 b_x 的增大越来越偏离 ω_x。从第一阶段至第三阶段，ω_3/ω_x 逐渐偏离 level 3。表明弹塑性发展过程中，ω_3 越来越偏离 ω_x，第三阶振型 x 方向平扭耦联效应越来越弱。

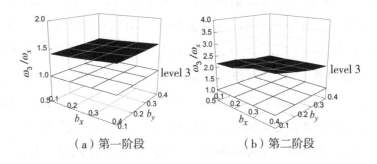

（a）第一阶段　　　　（b）第二阶段

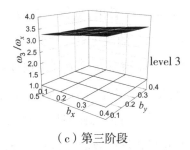

（c）第三阶段

图 3.20　不同阶段中随 b_x 和 b_y 变化的 ω_3/ω_x

从图 3.21 中可知,当增大 b_x 时,ω_3/ω_θ 逐渐偏离 level 4。在第一阶段 b_x 不变时,随着 b_y 的增大,ω_3/ω_θ 逐渐偏离 level 4;第二阶段时,则先靠近后偏离 level 4;第三阶段 $b_x \leqslant 0.2$ 时,ω_3/ω_θ 逐渐靠近 level 4,b_x 较大时,则先偏离后靠近 level 4。表明 ω_3 随着 b_x 的增大越来越偏离 ω_θ;随着 b_y 的增大,第一阶段 ω_3 逐渐偏离 ω_θ,第三阶段 $b_x \leqslant 0.2$ 时,逐渐靠近 ω_θ,b_x 较大时,ω_3 先偏离后靠近 ω_θ。从第一阶段至第三阶段,随着弹塑性的发展,当 $b_x < 0.2$ 或 $b_y \geqslant 0.2$ 时,ω_3/ω_θ 先靠近后偏离 level 3,表明平扭耦联效应先减弱后增强;当 $b_x \geqslant 0.2$ 且 $b_y < 0.2$ 时,ω_3/ω_θ 越来越偏离 level 3,表明平扭耦联逐渐增强。

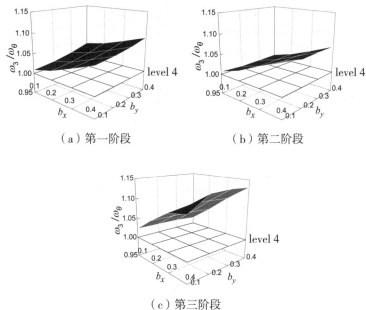

（a）第一阶段　　　　　　　（b）第二阶段

（c）第三阶段

图 3.21　不同阶段中随 b_x 和 b_y 变化的 ω_3/ω_θ

从图 3.18 到图 3.21 还可以看出,从第一阶段至第三阶段,不同 b_x 下 ω_1/ω_x、ω_2/ω_y、ω_3/ω_x 随着 b_y 增大的变化规律相似,而 ω_3/ω_θ 随着 b_y 的变化规律与 Ω 及 b_x 的大小有关。其原因是在受力方向构件屈服过程中,b_y 不是定值,而受力方向构件的屈服也会引起结构整体抗扭刚度的变化,从而影响 ω_3/ω_θ 随 b_y 的变化规律。非受力方向抗侧构件一直处在弹性阶段,b_x 在加载过程中保持不变,因此 b_x 对平扭耦联效应的影响趋势较为一致。

3.4.4 平扭耦联振型分析

如图 3.22 所示,随着外荷载的增加,DX_1 越来越接近 1,第一阶振型越来越接近于受力方向纯平动,耦合的其他振型成分逐渐减少;第二阶振型中耦合的非受力方向平动成分逐渐减少,扭转成分逐渐增多;而第三阶扭转振型中耦合的扭转成分逐渐减少,非方向平动成分则逐渐增加。第二阶与第三阶振型中非受力方向平动因子与扭转因子都逐渐接近 0.5,振型内非受力方向平动与扭转耦联效应增强。这一现象表明,第二、第三阶振型平扭耦联效应增强时,即非受力方向平动与扭转耦联效应增强。

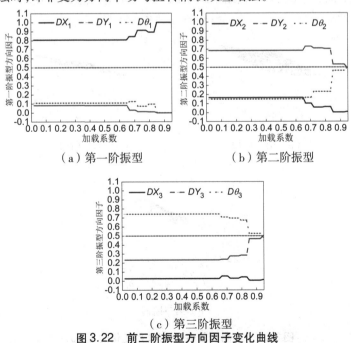

（a）第一阶振型　　　　　（b）第二阶振型

（c）第三阶振型

图 3.22　前三阶振型方向因子变化曲线

3.4.4.1　Ω 对平扭耦联振型的影响($b_x = b_y = 0.2$)

由第一阶段时随 Ω 变化的振型方向因子(图 3.23)可知,随着 Ω 的增大,DX_1、DY_2 及 $D\theta_3$ 由小于 0.5 增大到大于 0.5;$D\theta_1$、DX_2 及 DY_3 由大于 0.5 减小到小于 0.5;DY_1、$D\theta_2$ 及 DX_3 先增大后减小,但一直都小于 0.5。上述结果表明,当 Ω 小于 1.1 时,第一阶振型为扭转振型,第二、第三阶振型分别为 x 方向、y 方向的平动振型;随着 Ω 的增大,前三阶振型分别转为 x 方向平动、y 方向平动及扭转,转变时对应的 Ω 为 1.1。Ω 越大,扭转振型和平动振型的耦联性越弱,扭转振型越不容易被激励,即扭转周期越小,第一阶振型越接近于相应非偏心结构的第一阶纯平动振型,结构反应将会以平动为主。当 Ω 由 1 增大到 1.8 的过程中(表示由 1 到 1.1,1.1 到 1.2,1.2 到 1.4 等,下同),DX_1 分别增大了 57.31%、41.22%、25.71%、7.05% 及 1.87%,当 Ω 大于 1.4 时,DX_1 增加幅度减小较多,趋于平缓。可以认为,该偏心率下,对多层双向偏心结构前三阶平扭耦联振型起关键作用的 Ω 范围是 1 ~ 1.4。

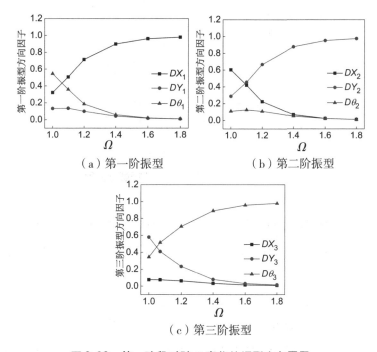

（a）第一阶振型　　　　（b）第二阶振型

（c）第三阶振型

图 3.23　第一阶段时随 Ω 变化的振型方向因子

与第一阶段相比,随着 Ω 的增大,第二阶段(图 3.24)中 DX_1 越来越接近 1;DY_2 及 $D\theta_3$ 由小于 0.5 增大到大于 0.5;$D\theta_2$ 及 DY_3 则由大于 0.5 减小到小于 0.5。第一阶振型耦合的其他振型成分进一步减少,越来越接近 x 方向纯平动,振型平扭耦联效应减弱,Ω 对第一阶振型的影响被削弱;第二、第三阶振型发生相互转变。这是由于随着外荷载的增加,受力方向抗侧力构件逐步屈服,抗侧刚度逐渐减小,但此阶段结构整体抗扭刚度并没有削弱很多,因此第一阶振型以受力方向平动为主,第二阶、第三阶振型随着 Ω 的增大分别转变为非受力方向平动振型和扭转振型。

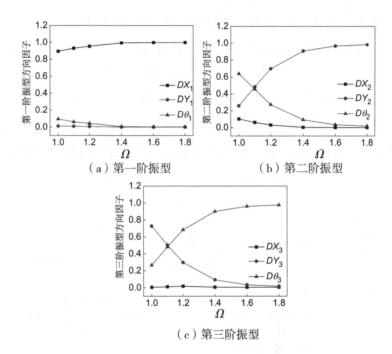

（a）第一阶振型　　　　　　（b）第二阶振型

（c）第三阶振型

图 3.24　第二阶段时随 Ω 变化的振型方向因子

第三阶段时(图 3.25),随着 Ω 的增大,DX_1 近似为 1,几乎无变化;$D\theta_2$ 和 DY_3 由大于 0.5 减小到小于 0.5;DY_2 和 $D\theta_3$ 由小于 0.5 增大到大于 0.5。振型转变对应的 Ω 与第二阶段相比有所增大。第三阶段时,受力方向抗侧刚度减少较多,结构整体抗扭刚度也被削弱,第一阶振型接近受力方向纯平动,平扭耦联效应大幅度减弱。当 Ω 较小时,第二阶振型以扭转为主,第三阶振型以 y 方向平动为主;当抗扭刚度较大时($\Omega > 1.2$),第二阶、第三阶振型

才分别转为 y 方向平动和扭转振型。需要注意的是,第二阶振型与第三阶振型中主振型方向因子差值减小,振型内平扭耦联效应增强。

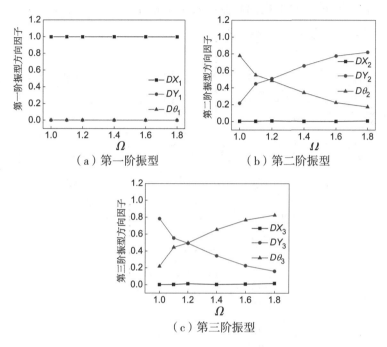

图 3.25　第三阶段时随 Ω 变化的振型方向因子

3.4.4.2　b_x、b_y 对平扭耦联振型的影响($\Omega = 1.2$)

分析第一阶段时随 b_x、b_y 变化的振型方向因子(图 3.26)可知,当 $b_x = 0.2$ 时,前三阶振型分别为 x 方向平动、y 方向平动及扭转振型。这也与书中分析结构 x 方向整体抗侧刚度小于 y 方向抗侧刚度有关。此时 b_y 的增大未改变各阶振型的主振型。$b_y = 0.1$ 且 $b_x \geqslant 0.3$ 时,或 $b_y = 0.2$ 且 $b_x = 0.4$ 时,第一振型由 x 方向平动振型转为 y 方向平动振型,继而随着 b_y 的增大($b_y \geqslant 0.3$)又转为 x 方向平动振型,且平动成分随着 b_y 的增大而增大。大量计算分析发现,对于 $\Omega = 1.1$ 的结构,当 $b_y = 0.1$ 且 $b_x \geqslant 0.3$ 时,或 $b_y = 0.2 \sim 0.3$ 且 $b_x = 0.4$ 时,第一阶振型由 x 方向平动振型转为 y 方向平动振型,随着 b_y 的增大又转为 x 方向平动振型。$b_x = 0.3$ 时,在 $b_y \geqslant 0.2$ 时转变;$b_x = 0.4$ 时,在 $b_y = 0.4$ 时转变。第二阶振型随之发生相应的转变。振型转变之后,b_x 的增大使第一阶、第二阶振型中的主振型方向因子差值减小,即 b_x 的增大增强了第一阶、第二阶振型的平扭耦联效应。分析表明,$\Omega=1.1\sim1.2$ 时,双向偏心率相互作用下,前二阶平扭耦联振型发生了相互转变。该阶段中 b_x、b_y 的增大未改变第三阶振型的扭转振型。

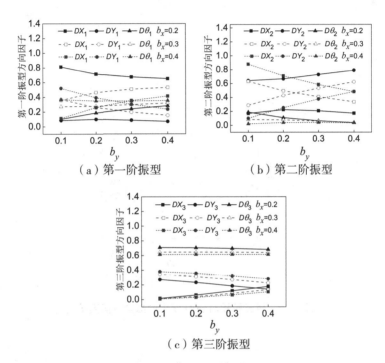

图 3.26　第一阶段时随 b_x、b_y 变化的振型方向因子

第二阶段时(图 3.27),前三阶主振型分别为 x 方向平动、y 方向平动及扭转。与第一阶段相比,DX_1 相对增加;第二阶振型各振动方向因子随 b_x、b_y 变化更为平缓;$D\theta_3$ 变化不大。各振型方向因子都会随着双向偏心率的改变而改变,但改变较小且不足以改变各阶振型的主振动方向。其原因是随着外荷载的增加,受力方向抗侧力构件屈服,抗侧刚度随之减小,第一阶振型中受力方向平动成分增加,但由于此时结构的抗扭刚度降低并不多,所以第三阶振型中扭转成分变化不大。弹塑性发展过程中,双向偏心率对振型的影响逐渐被削弱。

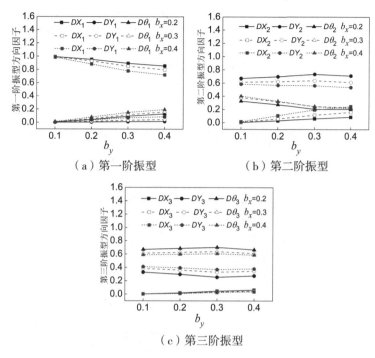

（a）第一阶振型　　　　　　　（b）第二阶振型

（c）第三阶振型

图 3.27　第二阶段时随 b_x、b_y 变化的振型方向因子

由第三阶段时随 b_x、b_y 变化的振型方向因子（图 3.28）可知，各阶振型方向因子随 b_x、b_y 的变化更为平缓，即弹塑性的发展进一步削弱了双向偏心率的影响。第一阶振型接近于 x 方向纯平动，第二阶、第三阶振型中 y 方向平动因子和扭转因子非常接近于 0.5。当 b_x、b_y 大于或等于 0.3 时，第二阶、第三阶主振型发生转变。在第三阶段时，受力方向抗侧刚度下降较多，以至于整体抗扭刚度也被削减，但非受力方向构件并未屈服，在偏心率较大的情况下，导致第二阶振型转变为扭转振型。第一阶振型的受力方向平动与扭转的耦联效应进一步减弱，而第二阶、第三阶振型的非受力方向平动与扭转的耦联效应增强。

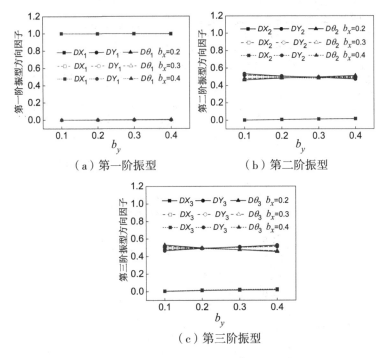

（a）第一阶振型　　　　　　　（b）第二阶振型

（c）第三阶振型

图3.28　第三阶段时随 b_x、b_y 变化的振型方向因子

3.5　参数影响分析

3.5.1　扭平频率比影响分析

扭平频率比 Ω 越大,代表着结构抗扭刚度越大,结构的抗扭刚度与其抗侧刚度的比例越大。Ω 越小,代表着结构抗扭刚度越小,结构扭转周期较长,甚至会长于结构第一平动周期,这样的结构在地震作用下的扭转反应一般也较大,对结构抗扭设计非常不利。从平扭耦联的角度可理解为:Ω 越大,结构扭转和平动的耦联性越弱,第一阶振型越接近相应非偏心结构的第一阶纯平动,结构的扭转效应将会减弱。因此实际结构设计时,为避免结构发生扭转破坏,应避免取较小的 Ω 值。平扭耦联振型分析表明:第一阶段中

当 $\Omega < 1.1$ 时,扭转振型出现在第一阶振型中,随着抗侧力构件的逐渐屈服,扭转振型随之往后移动,但仍在前二阶振型中;当 $\Omega > 1.2$ 时,扭转振型出现在第三阶振型中;而当 $\Omega = 1.1$ 时,第一阶段时扭转振型虽在第三阶振型出现,但随着抗侧力构件的屈服,扭转振型转移到第二阶振型中。对于其他 b_x、b_y 的结构,也有类似的变化规律。

第一阶段时,不同 b_x、b_y 的结构,ω_1/ω_x 随着 Ω 的增大幅度逐渐减小。对于不同 b_y 的结构,当 $b_x \leqslant 0.2$,$\Omega > 1.4$ 时,相对振型频率比的变化幅度平均为 1.68% ;当 $b_x \geqslant 0.3$,$\Omega > 1.6$ 时,相对振型频率比的变化幅度平均为 1.51% ,几乎不受 Ω 的影响。结合振型方向因子分析可得,当 $b_x \leqslant 0.2$ 时,对前三阶平扭耦联效应起关键作用的 Ω 范围为 $1 \sim 1.4$;当 $b_x \geqslant 0.3$ 时,起关键作用的 Ω 范围为 $1 \sim 1.6$。

第三阶段时,Ω 对相对振型频率比的影响与第一阶段有所不同。Ω 取 1.2 时,与 $\Omega = 1.1$ 相比,ω_1/ω_x、ω_2/ω_y 分别增加了 0.02%、12.45%,而第一阶段时,ω_2/ω_y 只增加了 1.62%。表明第三阶段时,Ω 对 ω_1/ω_x 影响减弱,而对 ω_2/ω_y 的影响增强。这是由于第三阶段时,受力方向构件屈服较多,从而削减了结构该方向的抗侧刚度和整体抗扭刚度,而非受力方向的抗侧构件却并未屈服,因而扭平频率比对 ω_1/ω_x 的影响减弱,而对 ω_2/ω_y 的影响增强。

3.5.2　双向偏心率的影响分析

双向偏心率 b_x、b_y 的增大能明显增强偏心结构第一阶振型平扭耦联效应,但 b_x、b_y 的影响大小并不相同。如 $\Omega = 1.4$,$b_x = 0.2$ 时,b_y 从 0.1 增大到 0.4,ω_1/ω_x 减小了 7.98% ;$\Omega = 1.4$,$b_y = 0.2$ 时,b_x 从 0.1 增大到 0.4,ω_1/ω_x 减小了 3.60%。在第三阶段时,ω_1/ω_x 分别减小了 0.92%(b_y 从 0.1 增大到 0.4)和 0.05%(b_x 从 0.1 增大到 0.4)。可以看出,b_y 对 ω_1/ω_x 的影响程度比 b_x 对 ω_1/ω_x 的影响程度更大。分析其原因是在外力作用下,与外力平行方向构件布置越不均匀,整体结构承受的扭矩作用越强,因此 b_y 对第一阶振型的影响也相对越大。

当 $\Omega = 1.4$,$b_x = 0.2$ 时,b_y 从 0.1 增大到 0.4,ω_2/ω_y 从 0.970 5 增大到

0.983 9,增大了 1.38% ;而 $\Omega = 1.4, b_y = 0.2$ 时,b_x 从 0.1 增大到 0.4,ω_2/ω_y 减小了 6.47% 。在第三阶段时,ω_2/ω_y 分别减小了 0.42%(b_y 从 0.1 增大到 0.4)和 16.22%(b_x 从 0.1 增大到 0.4)。结果表明与第一阶段相比,第三阶段时增大 b_x 对 ω_2/ω_y 的影响比增大 b_y 对 ω_2/ω_y 的影响更大。该阶段中,偏心结构受力方向抗侧刚度和整体抗扭刚度都削弱较大,而非受力方向抗侧力构件并未屈服,因此,增大 b_x 对 ω_2/ω_y 的影响增强,而增大 b_y 对 ω_2/ω_y 的影响减弱。

3.5.3 双向偏心率对周期比的影响

《高层建筑混凝土结构技术规程》(JGJ 3—2010)中第 3.4.5 条规定:"结构扭转为主的第一自振周期 T_t 与以平动为主的第一自振周期 T_1 之比,A级建筑高度高层建筑不应大于 0.9,B 级建筑高度高层建筑、超过 A 级高度的混合结构及本规程第 10 章所指的复杂高层建筑不应大于 0.85"。与 Ω 类似,周期比 T_t/T_1 反映的是结构抗扭刚度与抗侧刚度的相对大小,T_t/T_1 越大,结构抗扭刚度越小,扭转周期延长,甚至可能长于第一平动周期,从而有可能使扭转振型出现在第一阶振型中;T_t/T_1 越小,结构抗扭刚度越大,扭转振型越不容易被激励起来,结构扭转效应减小。本书 3.4 节参数分析发现,b_x、b_y 对偏心结构自振特性有较大的影响,不同偏心率下的结构自振频率有较大差异,振型也会随着 b_x、b_y 的变化而发生转变,从而会影响到周期比的大小,本小节就不同 Ω 结构的周期比随 b_x、b_y 的变化规律进行分析。

如图 3.29 和图 3.30 所示,T_t/T_1 随 Ω 的增大而明显减小,第一阶振型由扭转振型转为平动振型,结构的抗扭刚度增强。在结构设计中尽可能规则、对称、均匀地布置抗侧力构件,最大程度地增大抗扭刚度,减小 T_t/T_1 值。

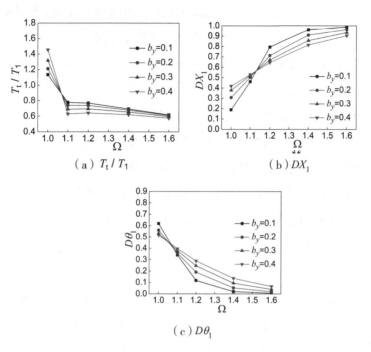

（a）T_t / T_1　　　　　　（b）DX_1

（c）$D\theta_1$

图 3.29　随 Ω 变化的 T_t/T_1 及相应的 DX_1 和 $D\theta_1$（b_x=0.2）

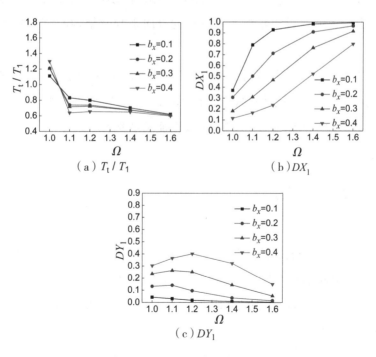

（a）T_t / T_1　　　　　　（b）DX_1

（c）DY_1

图 3.30　随 Ω 变化的 T_t/T_1 及相应的 DX_1 和 DY_1（b_y=0.2）

b_x、b_y 对 T_t/T_1 具有一定的影响,对于具有相同 Ω 的结构,不同 b_x、b_y 下 T_t/T_1 明显不同,甚至第一阶振型的振动方向也不相同。

对于 $\Omega=1$ 的结构,第一阶振型为扭转振型,第二阶振型为 x 方向平动振型,扭转振型周期大于平动振型周期,平动振型因子 DX_1 随着 b_x、b_y 增大而增大,相应的振型周期减小,扭转振型因子 $D\theta_1$ 则随着 b_x、b_y 的增大而减小,相应的振型周期增大,则周期比 T_t/T_1 随 b_x、b_y 的增大而增大。

当 $\Omega \geqslant 1.1$ 时,扭转振型周期小于平动振型周期,T_t/T_1 随着 b_x、b_y 的增大而减小。$\Omega=1.1$ 时,DX_1 和 $D\theta_1$ 均随着 b_y 的增大而增大,而当 $\Omega>1.1$ 时,DX_1 随着 b_y 的增大而减小,$D\theta_1$ 随着 b_y 的增大而增大。与 b_y 的影响不同的是,DX_1 随着 b_x 的增大而减小,而 DY_1 和 $D\theta_1$ 都随着 b_x 的增大而增大。因此,对于 $\Omega=1.1$、1.2 的结构,当 $b_x=0.3\sim0.4$,$b_y=0.1\sim0.2$ 时,第一阶振型沿着两个主轴之间的某个方向振动,但更偏向于 y 方向,第二阶振型更接近于 x 方向平动振型,即前二阶振型发生了相互转变。此时,T_t/T_1 中 T_1 是更偏向于 y 方向振动的自振周期。第一阶振型中两个平动振型因子、扭转振型因子都相对比较接近,周期比不能准确反映出平动刚度与扭转刚度的相对比值,因此,不能直接以抗侧刚度较小的方向来判断结构的第一阶主振型方向。

由于 $\Omega \geqslant 1.1$ 时,T_t/T_1 随着 b_x、b_y 的增大而减小,可能会使 T_t/T_1 对具有较大偏心率的不规则结构起不到控制作用。b_x、b_y 较小的规则结构,可能不能满足 T_t/T_1 的要求,将 b_x、b_y 调大时反而能满足要求。

3.6 本章小结

本章根据不同层数偏心框架的自振频率变化特点定义出全过程三阶段分析,首次实现了对多层双向偏心结构平扭耦联效应进行全过程参数分析,得到了三个阶段内扭平频率比、双向偏心率对平扭耦联效应影响的一般性规律,具体结论如下:

(1)多层双向偏心结构振型是成对出现的,每一对振型中包含两个以平动为主的振型和一个以扭转为主的振型。弹性阶段时相同主振型的各振型方向因子相同,每一阶振型内都包含着两个水平方向平动与扭转的相互耦联。

(2)在结构由弹性至弹塑性全过程中,不同层数偏心框架自振频率表现出三阶段变化的一般性规律。第一阶段为弹性水平段,第三阶段为平稳变化阶段,而第二阶段频率变化幅度最大,是分析中最为关键和重要的阶段。为此,根据不同层数偏心框架结构的自振频率第二阶段变化规律,采用最小二乘法将该阶段频率拟合成与加载系数呈线性关系的斜向直线,为分析该阶段频率提供了方便。

(3)当偏心率不变时,随着扭平频率比的增大,抗扭刚度增大,周期比减小,扭转振型越不容易被激励,第一阶振型趋向于相应非偏心结构的第一阶纯平动振型,结构反应将以平动为主。当扭平频率比等于 1.1~1.2 时,双向偏心率相互影响下会导致第一阶、第二阶振型的相互转变,此时不能直接以抗侧刚度较小的方向判断为结构的第一阶主振型方向。

(4)扭平频率比与偏心率一定时,从第一阶段至第三阶段,第一阶相对振型频率比越来越接近 1,第一阶振型趋向于相应非偏心结构的第一阶纯平动振型。在此过程中,结构双向偏心效应被削弱,扭平频率比越小,偏心率越大,削弱幅度越大,结构反应将更趋向于相应非偏心结构的纯平动。

(5)对于第一振型以扭转为主的结构,周期比随着双向偏心率的增大而增大;对于第一振型以平动为主的结构,周期比随着双向偏心率的增大而减小。从而可能出现偏心率较小的规则结构,不能满足周期比的要求,而偏心率较大的结构反而能满足要求。偏心对周期比的影响可能导致与结构规则性不符的现象,因此建议在限制周期比的同时应考虑偏心的影响。

第4章

多层双向偏心结构地震反应研究

4.1 引言

第3章深入探讨了从弹性至弹塑性全过程中偏心结构平扭耦联效应随各参数的变化规律,而这些变化会影响到结构的地震反应。以往学者对偏心结构的地震反应研究多局限在一般典型结构的数值计算上,各研究者输入的地震波记录也不完全相同,不同地震波记录的频率成分有所不同,频率成分对结构的地震反应影响较大,从而使得出的结论存在一定差异,不能形成较普遍性的结论。虽有一些学者对多层单向偏心结构弹性阶段地震反应进行了参数研究,但由于多层双向偏心结构弹塑性阶段反应的复杂性,单向偏心结构地震反应的参数影响规律尚不能直接应用到多层双向偏心结构中。因此,有必要进一步开展关于多层双向偏心结构弹塑性阶段地震反应的参数分析,以获得结构地震反应随各参数变化的一般性规律。

基于此目的,本章结合已经得到的刚性地基上各个阶段内多层双向偏心结构的运动方程,在各个阶段内对运动方程进行频域内求解,得到了结构的地震反应解;实现了在三个阶段内对多层双向偏心结构进行全过程地震反应参数分析,获得了弹性、弹塑性阶段各参数对地震反应影响的普遍性规律;最后对不同偏心率下的位移比随周期比的变化规律进行了研究,以期对实际中相关结构设计及抗震分析等提供参考。

4.2　运动方程组的求解

前文已推导出刚性地基上多层双向偏心结构在 x 方向地震 $\ddot{x}_g(t)$ 作用下的运动方程:

$$[M_s]\{\ddot{\delta}(t)\} + [C_s]\{\dot{\delta}(t)\} + [K_s]\{\delta(t)\} = -[M_s]l_1\ddot{x}_g(t) \quad (4.1)$$

上式中参数意义见本书第 3.2 节,式(4.1)为时域内的微分方程组,求解比较烦琐,可转为频域内的线性方程组。设 $U_s(\omega)$ 为位移 $\{\delta(t)\}$ 的傅里叶变化形式,即

$$U_s(\omega) = F\{\delta(t)\} \quad (4.2)$$

由傅里叶变换的时域微分性质可知(吴大正,2005):

$$F\{\dot{\delta}(t)\} = i\omega U_s(\omega) \quad (4.3)$$

$$F\{\ddot{\delta}(t)\} = -\omega^2 U_s(\omega) \quad (4.4)$$

对式(4.1)中各个变量做关于时间 t 的傅里叶变化得到:

$$-\omega^2 M_s U_s(\omega) + K_s U_s(\omega) + i\omega C_s(\omega) = \omega^2 M_s l_1 X_g(\omega) \quad (4.5)$$

可用振型分解法求解运动方程(4.5),但由于自由度为 $3 \times n$ 个,求解式不能用显式表达,此时需要利用软件编程用数值方法求出自振频率与振型。将结构频域内地震反应 $U_s(\omega)$ 以其固有振型为基进行展开:

$$U_s(\omega) = \Phi Z(\omega) \quad (4.6)$$

式中,Φ 为结构的振型;$Z(\omega) = \{Z_k\}$ 为结构频域内模态坐标列向量,Z_k 为第 k 阶模态坐标。

假设刚性地基上的结构具有经典振型,其固有频率和振型满足如下正交条件(Wu et al.,1995):

$$\Phi^T M_s \Phi = I \quad (4.7)$$

$$\Phi^T K_s \Phi = \text{diag}[\omega_k{}^2] \quad (4.8)$$

$$\Phi^T C_s \Phi = \text{diag}[2\xi_k\omega_k] \quad (4.9)$$

式中,ω_k、ξ_k 分别为第 k 阶振型的自振频率及阻尼比,$k = 1 \sim 3 \times n$。

将式(4.6)代入式(4.5)中,并前乘以 Φ^T,利用式(4.7)~(4.9),得

$$\text{diag}\left[-\omega^2 + i2\omega\xi_k\omega_k + \omega_k^{\ 2}\right]Z(\omega) = \omega^2\Phi^{\mathrm{T}}M_sl_1X_g(\omega) \tag{4.10}$$

式中，ω 为地震动的频率，$X_g(\omega)$ 地震动位移记录的傅里叶变化形式。

定义结构模态传递函数 $H(\omega)$，也称为复频反应函数，描述的是体系在单位幅值谐振力作用下的稳态反应：

$$H(\omega) = \text{diag}\left[H_k(\omega)\right] \tag{4.11}$$

$$H_k(\omega) = -\frac{1}{\omega_k^2 - \omega^2 + i2\omega\xi_k\omega_k} \tag{4.12}$$

由式(4.10)得到结构模态坐标表达式如下：

$$Z(\omega) = -\omega^2H(\omega)\Phi^{\mathrm{T}}M_sl_1X_g(\omega) \tag{4.13}$$

将式(4.13)代入式(4.6)中得到刚性地基条件上结构频域内地震反应：

$$U_s(\omega) = \Phi Z(\omega) = -\omega^2\Phi H(\omega)\Phi^{\mathrm{T}}M_sl_1X_g(\omega) \tag{4.14}$$

$U_s(\omega)$ 可进一步展开为

$$U_s(\omega) = \left\{U_{sx}(\omega)^{\mathrm{T}} \quad U_{sy}(\omega)^{\mathrm{T}} \quad U_{s\theta}(\omega)^{\mathrm{T}}\right\}^{\mathrm{T}} \tag{4.15}$$

式中，$U_{sx}(\omega)^{\mathrm{T}}$、$U_{sy}(\omega)^{\mathrm{T}}$ 及 $U_{s\theta}(\omega)^{\mathrm{T}}$ 分别为结构 x 方向位移、y 方向位移及扭转位移的傅里叶变化形式，可进一步表示为

$$\begin{cases} U_{sx}(\omega)^{\mathrm{T}} = \left\{U_{sx1}(\omega)\cdots U_{sxj}(\omega)\cdots U_{sxn}(\omega)\right\}^{\mathrm{T}} \\ U_{sy}(\omega)^{\mathrm{T}} = \left\{U_{sy1}(\omega)\cdots U_{syj}(\omega)\cdots U_{syn}(\omega)\right\}^{\mathrm{T}} \\ U_{s\theta}(\omega)^{\mathrm{T}} = \left\{U_{s\theta1}(\omega)\cdots U_{s\theta j}(\omega)\cdots U_{s\theta n}(\omega)\right\}^{\mathrm{T}} \end{cases} \tag{4.16}$$

将结构模态坐标与地震动位移记录的傅里叶变化形式的比值 $|Z(\omega)|$ $/|X_g(\omega)|$ 称为结构模态坐标传递函数，$|Z_k(\omega)|/|X_g(\omega)|$ 为第 k 阶模态坐标传递函数：

$$\frac{|Z(\omega)|}{|X_g(\omega)|} = |-\omega^2H(\omega)\Phi^{\mathrm{T}}M_sl_1| \tag{4.17}$$

将各层质心处的位移与地震动位移记录的傅里叶变化形式的比值 $|U_s(\omega)|/|X_g(\omega)|$ 称为位移传递函数。

$$\frac{|U_s(\omega)|}{|X_g(\omega)|} = |-\omega^2\Phi H(\omega)\Phi^{\mathrm{T}}M_sl_1| \tag{4.18}$$

对于多层偏心结构，人们更关注层间位移的大小，通过层间位移大小可以了解每一楼层变形分布情况。层间位移表达式分别为

$$\Delta U_{sxj}(\omega) = U_{sxj}(\omega) - U_{sx(j-1)}(\omega) \tag{4.19}$$

$$\Delta U_{syj}(\omega) = U_{syj}(\omega) - U_{sy(j-1)}(\omega) \tag{4.20}$$

$$r\Delta U_{s\theta j}(\omega) = rU_{s\theta j}(\omega) - rU_{s\theta(j-1)}(\omega) \tag{4.21}$$

式中，$U_{sxj}(\omega)$、$U_{syj}(\omega)$ 分别为第 j（$j=2$、3）层 x、y 方向平动位移傅里叶变换形式，$r_j U_{s\theta j}(\omega)$ 定义为扭转位移傅里叶变换形式，等于绕质心的层间扭转角傅里叶变换形式乘以楼面回转半径 r_j。层间位移传递函数分别为：$|U_{sx1}(\omega)|/|X_g(\omega)|$、$|U_{sy1}(\omega)|/|X_g(\omega)|$、$r_j|U_{s\theta 1}(\omega)|/|X_g(\omega)|$ 及 $|\Delta U_{sxj}(\omega)|/|X_g(\omega)|$、$|\Delta U_{syj}(\omega)|/|X_g(\omega)|$、$r_j|\Delta U_{s\theta j}(\omega)|/|X_g(\omega)|$（$j=2$、3）。

由式（4.17）、（4.18）可知，模态坐标传递函数与位移传递函数是表示自身特性的物理量，仅与地震动的频率 ω 有关，与实际输入哪条地震动无关。此处位移传递函数反映了结构受到单位谐和激励时的动力反应，所以在相同输入时，传递函数代表了结构的动力反应。

第 3 章已经获得刚性地基上偏心结构从弹性进入到弹塑性三个阶段内相对稳定的运动方程，根据各个阶段内运动方程，很容易进行该阶段内的参数分析。将第 3 章得到的各个阶段的运动方程分别代入式（4.1）中，利用式（4.2）到（4.14）求得各个阶段上部结构地震反应解，以此展开各个阶段内的地震反应参数分析。书中主要分析三个阶段中模态坐标传递函数及位移传递函数随外界激励频率变化规律，扭平频率比、偏心率对位移传递函数峰值的影响规律及平扭耦联反应程度的变化。

4.3　多层双向偏心结构地震反应参数分析

4.3.1　模态坐标传递函数曲线分析

多层双向偏心结构前三阶主振型分别为 x 方向平动振型、y 方向平动振型及扭转振型，为更好地了解偏心结构模态坐标传递函数曲线变化规律，第一阶、第二阶及第三阶振型模态坐标传递函数曲线的横坐标分别以 $\gamma = \omega/\omega_x$、$\beta = \omega/\omega_y$ 及 $\eta = \omega/\omega_\theta$ 进行归一化,其中 ω 为外界激励频率,ω_x、ω_y 和 ω_θ 的意义见本书第3.4.3节。为叙述方便,将模态坐标传递函数曲线峰值称之为模态坐标峰值。

4.3.1.1　Ω 对模态坐标传递函数曲线的影响($b_x = b_y = 0.2$)

结构的抗扭刚度会随着 Ω 的大小而改变,ω_θ 随之变化,因此分析 Ω 的影响时,第三阶振型模态坐标传递函数曲线的横坐标仍以 γ 进行归一化处理。不同 Ω 时的模态坐标传递函数随外界激励频率比的变化曲线如图4.1、4.2 及4.3所示。

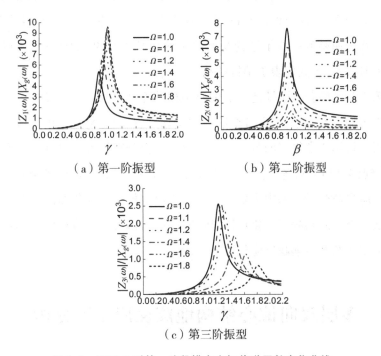

（a）第一阶振型　　　（b）第二阶振型

（c）第三阶振型

图4.1　不同 Ω 时第一阶段模态坐标传递函数变化曲线

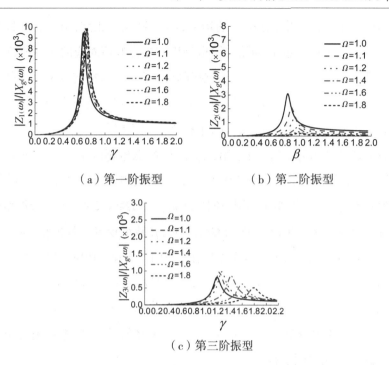

（a）第一阶振型　　　　　　　　（b）第二阶振型

（c）第三阶振型

图4.2　不同 Ω 时第二阶段模态坐标传递函数变化曲线

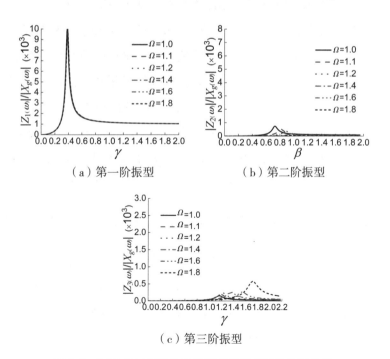

（a）第一阶振型　　　　　　　　（b）第二阶振型

（c）第三阶振型

图4.3　不同 Ω 时第三阶段模态坐标传递函数变化曲线

由图 4.1 可以看出，随着 Ω 的增大，第一阶、第二阶振型模态坐标峰值对应的频率比逐渐靠近 1，而第三阶振型模态坐标峰值对应的 γ 逐渐偏离 1。这一现象说明随着 Ω 的增大，结构抗扭刚度增强，使以扭转振型为主的第三阶振型频率逐渐偏离 ω_x，第一阶、第三阶振型频率相差也越来越大；第一阶、第二阶振型频率越来越靠近 ω_x、ω_y，平扭耦联效应减弱。

分析图 4.2 可知，该阶段中第一阶振型模态坐标峰值对应的 γ 有所减小，从第一阶段的 1 左右减小到 0.7 左右，表明抗侧力构件的屈服减小了第一阶自振频率，使其越来越偏离弹性阶段的 ω_x。当 $\Omega \geqslant 1.2$ 时，第二阶振型模态坐标峰值对应的 β 变化较小，而当 $\Omega < 1.2$ 时，β 减小较多。本书第 3.4.4 节参数分析表明，$\Omega < 1.2$ 时，第二阶振型以扭转为主，结构抗扭刚度随着抗侧力构件的屈服而减小，导致 ω_2 减小。因此，模态坐标峰值对应的 β 有所减小。

图 4.3 表明，第三阶段中第一阶振型模态坐标峰值对应的 γ 进一步减小，约为 0.4，代表着第一阶自振频率的进一步降低，第三阶振型模态坐标峰值对应的频率比也明显减小。

由图 4.1 到图 4.3 还可以看出，随着 Ω 的增大，第一、第二阶段时，第一阶振型模态坐标峰值逐渐增大，而第二、第三阶振型模态坐标峰值逐渐减小；第三阶段时，不同 Ω 对应的第一阶振型模态坐标峰值几乎没差别，Ω 对模态振型的影响减小，第二阶振型模态坐标峰值平缓减小，而第三阶振型模态坐标峰值增大。表明第一、第二阶段时，随着 Ω 的增大，第一阶平动振型贡献增大，第二阶、第三阶振型贡献减小，结构平扭耦联反应程度将减弱。第三阶段中结构抗扭刚度削弱较大，Ω 越小，削弱幅度越大，因此第三阶振型模态坐标峰值由第一阶段的 Ω 越小峰值越大，变为 Ω 越小峰值越小。

4.3.1.2　b_y 对模态坐标传递函数曲线的影响（$\Omega = 1.4, b_x = 0.2$）

不同 b_y 下的模态坐标传递函数随外界激励频率比的变化曲线如图 4.4、4.5 及 4.6 所示。第一阶段时（图 4.4），随着 b_y 的增大，第一阶和第三阶振型模态坐标峰值对应的频率比逐渐偏离 1，而第二阶振型模态坐标峰值对应的 β 逐渐靠近 1。说明 b_y 的增大使第一阶、第三阶自振频率分别偏离 ω_x、ω_θ，而第二阶自振频率逐渐靠近 ω_y；第一阶、第三阶振型平扭耦联效应增强,第二阶振型平扭耦联效应减弱。

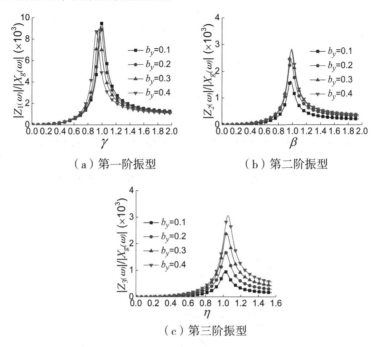

（a）第一阶振型　　　　　　　（b）第二阶振型

（c）第三阶振型

图 4.4　不同 b_y 时第一阶段模态坐标传递函数变化曲线

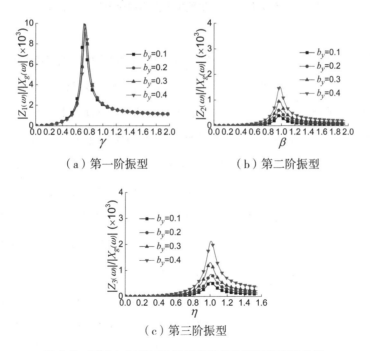

（a）第一阶振型　　　　　　　（b）第二阶振型

（c）第三阶振型

图 4.5　不同 b_y 时第二阶段模态坐标传递函数变化曲线

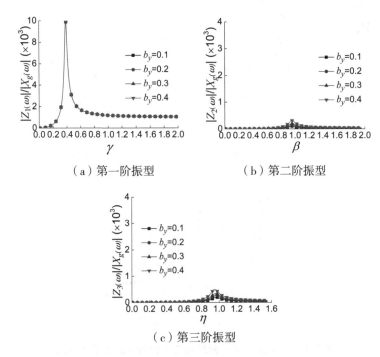

（a）第一阶振型　　　　　　　（b）第二阶振型

（c）第三阶振型

图4.6　不同 b_y 时第三阶段模态坐标传递函数变化曲线

　　第二阶段时受力方向抗侧刚度和整体抗扭刚度均有不同程度的削弱,与第一阶段相比,模态坐标峰值对应的 γ、β 及 η 都有所减小(图4.5), γ 随着 b_y 的增大而增大(靠近1);与第一阶段相比, b_y 越小, γ 减小的比例越大。表明 b_y 越小,结构抗侧刚度削弱比例越大,第一阶自振频率越小。第二阶振型模态坐标峰值对应的 β 随 b_y 的变化没有第一阶段明显,说明 b_y 对第二振型平扭耦联效应的影响变小。第三阶振型模态坐标峰值对应的 η 随 b_y 的增大而减小(靠近1)。由图4.6可知,第三阶段时不同 b_y 下的模态坐标传递函数变化曲线差异很小,不同 b_y 下模态坐标峰值对应的频率比也几乎一样,即结构弹塑性的发展削弱了 b_y 的影响。

　　由图4.4、4.5及4.6还可以看出,随着 b_y 的增大,第一、第二阶段时,第一阶振型模态坐标峰值逐渐减小,而第二阶、第三阶振型的模态坐标峰值逐渐增大;第三阶段时,第一阶振型模态坐标峰值稍有增大,第二阶、第三阶振型的模态坐标峰值逐渐增大。表明第一、第二阶段时, b_y 的增大减小了第一阶平动振型贡献, 增大了第二阶、第三阶振型贡献, 平扭耦联反应程度将增强; 第三阶段时, 第一阶平动振型反应随着 b_y 的增大而稍有增大, 平扭耦联反应程度相对减弱。从第一阶段至第三阶段, 模态坐标峰值变化幅度越来越小, b_y 的影响被削弱。当 b_y 从 0.1 增大到 0.4 时, 第一阶段、第二阶段时的第一阶振型模态坐标峰值分别降低了 8.01%、3.63%, 而第三阶段时增大了 0.09%。

4.3.1.3　b_x 对模态坐标传递函数曲线的影响($\Omega = 1.4, b_y = 0.2$)

不同 b_x 下的模态坐标传递函数随外界激励频率的变化曲线如图 4.7、图 4.8 及图 4.9 所示。分析图 4.7 可知, 第一阶段时, 前三阶振型模态坐标峰值对应的频率比随着 b_x 的增大而逐渐偏离 1。表明 b_x 的增大使前三阶振型频率逐渐偏离相应的 ω_x、ω_y 及 ω_θ, 前三阶振型的平扭耦联效应增强。

第二阶段时受力方向抗侧刚度和整体抗扭刚度均有不同程度的削弱, 第一阶振型与第三阶振型的模态坐标峰值对应的频率比均有所减小(见图 4.8), 且 b_x 越小, 减小比例越大。第二阶振型模态坐标峰值对应的频率比随 b_x 的增大而偏离 1, 且比第一阶段变化更为明显, 表明该阶段中 b_x 对第二阶振型平扭耦联的影响增强。第三阶段时(见图 4.9), 不同 b_x 下的模态坐标传递函数曲线差异很小, 模态坐标峰值对应的频率比也几乎一样, 即弹塑性的深入发展削弱了 b_x 的影响。

从图 4.7 到图 4.9 可看出, 随着 b_x 的增大, 第一阶、第三阶振型模态坐标峰值逐渐减小, 第二阶振型模态坐标峰值逐渐增大。表明第一阶、第三阶振型贡献减小, 第二阶振型贡献增大。从第一阶段至第三阶段, 模态坐标峰值变化幅度越来越小, b_x 的影响被削弱。

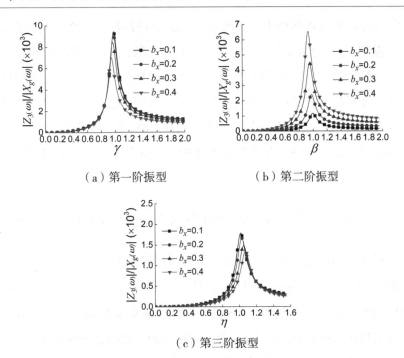

（a）第一阶振型　　　　　　　　（b）第二阶振型

（c）第三阶振型

图 4.7　不同 b_x 时第一阶段模态坐标传递函数变化曲线

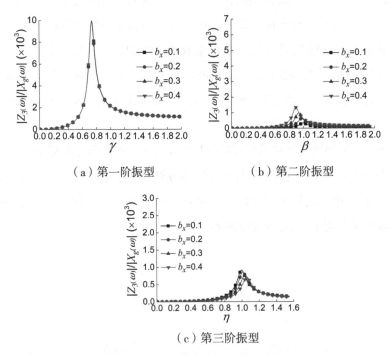

（a）第一阶振型　　　　　　　　（b）第二阶振型

（c）第三阶振型

图 4.8　不同 b_x 时第二阶段模态坐标传递函数变化曲线

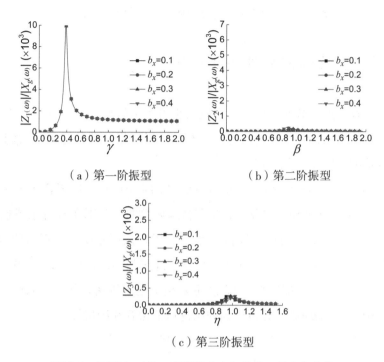

（a）第一阶振型　　　　　　　（b）第二阶振型

（c）第三阶振型

图 4.9　不同 b_x 时第三阶段模态坐标传递函数变化曲线

由图 4.1 到图 4.9 还可以看出,相同 Ω、b_x 及 b_y 下,从第一阶段至第三阶段,第一阶振型模态坐标峰值越来越大,相应的第二阶和第三阶振型模态坐标峰值越来越小。这一现象说明,弹塑性发展过程中,受力方向平动振型贡献逐渐增大,非受力方向平动振型与扭转振型贡献逐渐减小。结构反应将接近于受力方向平动反应,受力方向平扭耦联反应程度将越来越弱。第 3 章平扭耦联效应参数分析表明,从第一阶段至第三阶段,第一阶振型将趋向于受力方向纯平动振型,从而也决定了该过程中的受力方向平动振型的贡献将逐渐增大。

进一步观察图 4.1 到图 4.9 可知,各阶模态坐标传递函数大小与外界激励频率 ω 密切相关,当 ω 等于或接近某一阶自振频率时,该阶模态传递函数大幅度增加,而其他阶模态传递函数较小。即当 ω 偏离某阶振型自振频率时,该阶振型的模态坐标传递幅值很小,对结构的贡献也必然较小。前三阶模态坐标传递函数幅值的大小基本上决定了结构双向平动位移、扭转位移

曲线随 ω 的变化规律,这可在位移传递函数曲线分析中得到证实。

4.3.2　位移传递函数曲线分析

从位移传递函数曲线形状及峰值大小可了解结构的地震反应大小及地震反应随外界激励频率变化的规律。本小节以底层位移传递函数为例分析结构位移响应随 γ 变化规律。

由第一阶段随 γ 变化的位移传递函数(图4.10、图4.11及图4.12)可看出: x 方向、y 方向平动位移及扭转位移传递函数曲线分别在 ω 等于或接近 x 方向平动振型频率、y 方向平动振型频率及扭转振型频率时出现峰值;而当 ω 偏离该阶振型自振频率时,相应的位移传递函数幅值很小。表明结构动力响应与结构本身的自振频率、地震波主要频率范围等密切相关,因此实际动力分析中,某一条地震波分析得到的结论可能会存在随机性。

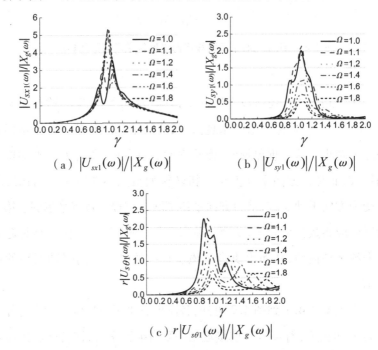

（a）$|U_{sx1}(\omega)|/|X_g(\omega)|$　　　　（b）$|U_{sy1}(\omega)|/|X_g(\omega)|$

（c）$r|U_{s\theta1}(\omega)|/|X_g(\omega)|$

图4.10　第一阶段时随 γ 变化的位移传递函数($b_x=0.2,b_y=0.2$,工况1)

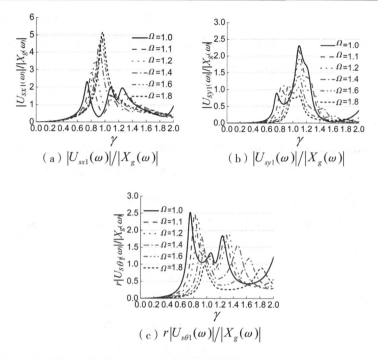

（a）$|U_{sx1}(\omega)|/|X_g(\omega)|$　　　　（b）$|U_{sy1}(\omega)|/|X_g(\omega)|$

（c）$r|U_{s\theta1}(\omega)|/|X_g(\omega)|$

图 4.11　第一阶段时随 γ 变化的位移传递函数（$b_x=0.2$，$b_y=0.4$，工况 2）

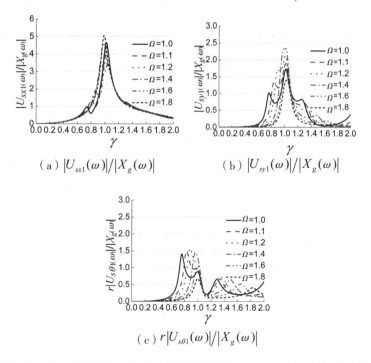

（a）$|U_{sx1}(\omega)|/|X_g(\omega)|$　　　　（b）$|U_{sy1}(\omega)|/|X_g(\omega)|$

（c）$r|U_{s\theta1}(\omega)|/|X_g(\omega)|$

图 4.12　第一阶段时随 γ 变化的位移传递函数（$b_x=0.4$，$b_y=0.2$，工况 3）

图 4.10 表明,当 $\Omega \leqslant 1.1$ 时,位移传递曲线呈现"三峰"特征,其原因是该扭平频率比下,两个主轴方向的平动频率、扭转频率都比较接近,扭转振型贡献增强,结构扭转反应强烈,对结构抗扭设计非常不利。当 $\Omega = 1.2$、1.4 时,x 方向位移传递曲线呈现出不明显的"双峰",y 方向位移传递曲线出现平缓段,扭转位移传递曲线呈现"双峰"特征。随着 Ω 的增大,受力方向位移曲线峰值逐渐变为一个;扭转位移曲线中第一个峰值是由平扭耦联引起的反应,第二个峰值(扭转引起的反应)对应的 γ 越来越偏离 1;非受力方向位移曲线峰值平缓段逐渐消失,平扭耦联效应减弱。

对比分析图 4.11、图 4.12 与图 4.10 可知,b_x、b_y 对结构反应的影响规律与 Ω 的大小密不可分,其原因是它们对平扭耦联效应发挥不同的作用。当 $\Omega \leqslant 1.1$ 时,增大 b_y 使"三峰"特征更加明显(见图 4.11),且受力方向位移一阶振型峰值大于二阶及三阶振型峰值,非受力方向位移传递曲线一阶振型峰值小于二阶振型峰值,扭转位移传递曲线一阶振型峰值大于二阶、三阶峰值,峰值间距增大。此时 b_y 的增大减弱了第二阶振型平扭耦联效应,却增强了第一阶、第三阶振型平扭耦联效应。b_x 的增大使 x 方向位移传递曲线"双峰"特征变得不再明显(见图 4.12),且一阶振型峰值明显小于二阶振型峰值;y 方向位移和扭转位移传递曲线的"三峰"特征更加明显,峰值间距增大。此时 b_x 的增大减小了第一阶振型平扭转耦联效应,但增强了第二阶、第三阶振型平扭耦联效应。随着 Ω 的增大,各阶振型平扭耦联效应减弱,此时增大偏心率对位移传递曲线形状的影响减小。

由第二阶段时随 γ 变化的位移传递函数(图 4.13、4.14 及 4.15)可知,受力方向平动位移曲线峰值明显增加,非受力方向位移曲线峰值明显减小,扭转位移也基本减小,但在某些情况下有所增大(见图 4.14)。由于该阶段中上部结构底层受力方向抗侧力构件的屈服削弱了该方向抗侧刚度,使底层变得相对比较薄弱,因此该方向的位移传递曲线峰值明显增加。

对比分析图 4.13、图 4.14 与图 4.15 可看出,$\Omega \leqslant 1.1$ 时,改变偏心率对位移传递函数峰值及传递曲线形状有较明显的影响。此时 b_y、b_x 的增大使受力方向位移传递函数曲线"双峰"或"三峰"特征变得更加明显。与第一阶段相比,峰值间差值增大,平扭耦联效应相对减弱。随着抗侧力构件的屈服,受力方向抗侧刚度削弱较多,第一阶振型转变为受力方向平动振型,而第二振型转为扭转振型。因此,该阶段增大 b_y、b_x 后,受力方向位移曲线的一阶振型峰值大于二阶振型峰值;非受力方向位移和扭转位移峰值增大,非受力方向平动与扭转耦联效应增强。当 $\Omega \geqslant 1.2$ 时,改变偏心率对位移传递曲线峰值及其形状的影响被削弱。这也是从第一阶段至第二阶段,双向偏心率对结构平扭耦联效应的影响大小发生改变所决定的。

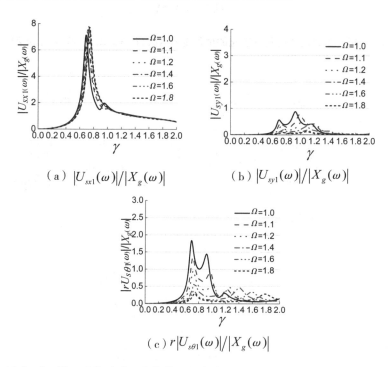

(a) $|U_{sx1}(\omega)|/|X_g(\omega)|$　　(b) $|U_{sy1}(\omega)|/|X_g(\omega)|$

(c) $r|U_{s\theta1}(\omega)|/|X_g(\omega)|$

图 4.13 第二阶段时随 γ 变化的位移传递函数($b_x=0.2$, $b_y=0.2$, 工况 1)

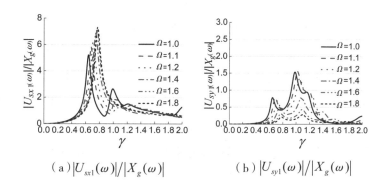

(a) $|U_{sx1}(\omega)|/|X_g(\omega)|$　　(b) $|U_{sy1}(\omega)|/|X_g(\omega)|$

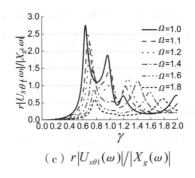

（c）$r|U_{s\theta1}(\omega)|/|X_g(\omega)|$

图 4.14　第二阶段时随 γ 变化的位移传递函数（b_x＝0.2，b_y＝0.4，工况 2）

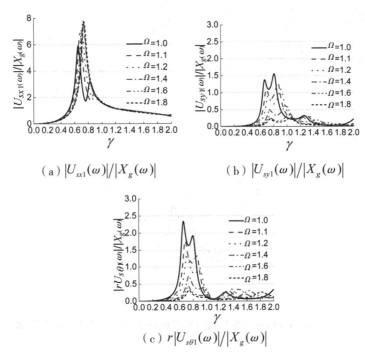

（a）$|U_{sx1}(\omega)|/|X_g(\omega)|$　　　（b）$|U_{sy1}(\omega)|/|X_g(\omega)|$

（c）$r|U_{s\theta1}(\omega)|/|X_g(\omega)|$

图 4.15　第二阶段时随 γ 变化的位移传递函数（b_x＝0.4，b_y＝0.2，工况 3）

与第一、第二阶段相比，第三阶段（图 4.16、4.17 及 4.18）时受力方向平动位移传递曲线呈现出峰值相差较大的"双峰"特征，且两个峰值对应的频率向外移动，非受力方向位移和扭转位移传递曲线幅值较小，平扭耦联反应大幅度减弱。该阶段中 Ω 对位移随偏心率变化趋势的影响被削弱，位移传递函数峰值及曲线形状也几乎不受偏心率的影响。不同 Ω 下的受力方向位移传递函数曲线几乎重合在一起，而非受力方向位移与扭转位移的传递函数曲线幅值稍有差别，随 Ω 的曲线形状变化并不大。

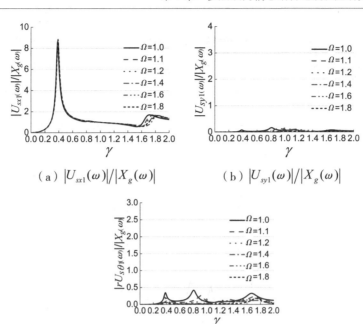

（a）$|U_{sx1}(\omega)|/|X_g(\omega)|$　　　（b）$|U_{sy1}(\omega)|/|X_g(\omega)|$

（c）$r|U_{s\theta1}(\omega)|/|X_g(\omega)|$

图 4.16　第三阶段时随 γ 变化的位移传递函数（$b_x=0.2, b_y=0.2,$ 工况 1）

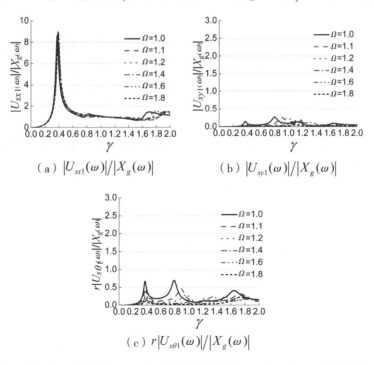

（a）$|U_{sx1}(\omega)|/|X_g(\omega)|$　　　（b）$|U_{sy1}(\omega)|/|X_g(\omega)|$

（c）$r|U_{s\theta1}(\omega)|/|X_g(\omega)|$

图 4.17　第三阶段时随 γ 变化的位移传递函数（$b_x=0.2, b_y=0.4,$ 工况 2）

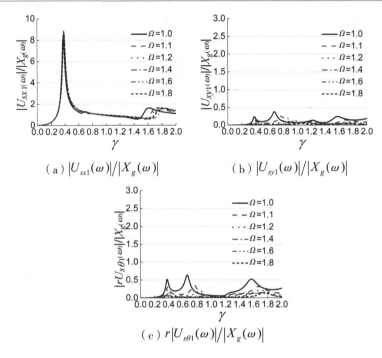

（a）$|U_{sx1}(\omega)|/|X_g(\omega)|$　　　　（b）$|U_{sy1}(\omega)|/|X_g(\omega)|$

（c）$r|U_{s\theta1}(\omega)|/|X_g(\omega)|$

图4.18　第三阶段时随 γ 变化的位移传递函数（$b_x=0.4, b_y=0.2$, 工况3）

从图4.10到图4.18也可看出，从第一阶段至第三阶段，受力方向位移传递函数峰值越来越大，非受力方向位移及扭转位移传递函数峰值越来越小。其原因是弹塑性发展过程中，平扭耦联效应逐渐减小，扭转效应相对减弱，使反应越来越接近于受力方向平动；底层受力方向构件在第二阶段时首先屈服，第三阶段时又进一步屈服，底层抗侧刚度越来越小，与其他层相比，也相对越来越薄弱，导致底层受力方向位移的传递函数曲线峰值越来越大。

4.3.3　位移传递函数峰值参数分析

对于多层偏心结构，层间位移大小是地震反应分析的重点，它直接反映了楼层的变形分布情况，因此，重点分析 x、y 方向层间平动位移传递函数峰值 $(|\Delta U_{sxj}(\omega)|/|X_g(\omega)|)_{max}$、$(|\Delta U_{syj}(\omega)|/|X_g(\omega)|)_{max}$ 及层间扭转位移传递函数峰值 $(r|\Delta U_{s\theta j}(\omega)|/|X_g(\omega)|)_{max}$。研究它们随扭平频率比

Ω、双向偏心率 b_x 及 b_y 的变化规律。为叙述方便,将位移传递函数峰值称之为位移。

4.3.3.1　Ω 对层间位移的影响($b_x = b_y = 0.2$)

分析随 Ω 变化的 x 方向层间平动位移(图 4.19)可知,随着 Ω 的增大,第一阶段 x 方向层间平动位移先减小后增大,转折点在 $\Omega = 1.1$ 处;当 $\Omega >$ 1.4 时,增大幅度只有 5.33% ~ 1.71% ,趋于平稳;第二、第三阶段时,变化幅度进一步减小, x 方向层间平动位移随 Ω 的变化趋势不再一致。计算分析表明,第一阶段对 x 方向层间平动位移起关键作用的 Ω 范围为 1.0 ~ 1.4($b_x \leqslant$ 0.2),当 $b_x \geqslant 0.3$ 时,起关键作用的 Ω 范围为 1 ~ 1.6,这也是由第 3 章参数分析中对前三阶平扭耦联振型起关键作用的 Ω 范围所决定的。结构弹塑性的深入发展削弱了 Ω 对 x 方向层间平动位移的影响,且改变了 x 方向层间平动位移随 Ω 的变化趋势。

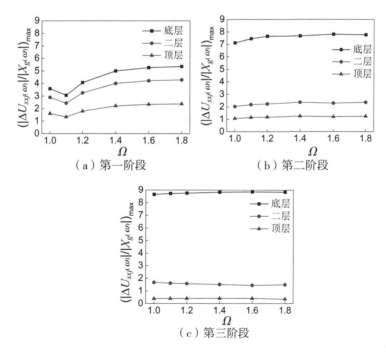

图 4.19　不同 Ω 时 x 方向层间平动位移

图 4.20 与图 4.21 表明,当 Ω 逐渐增大时,第一阶段 y 方向层间平动位移和层间扭转位移先增大后迅速减小,转折点在 $\Omega=1.1$ 处;从第二阶段至第三阶段,y 方向层间平动位移的减小幅度越来越小,而第二阶段时层间扭转位移的减小幅度仍较大[图 4.21(b)],且当 Ω 较大时层间扭转位移出现缓慢增大的趋势。

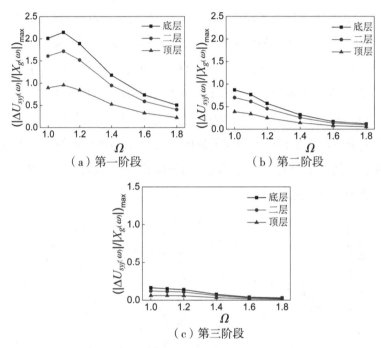

图 4.20 不同 Ω 时 y 方向层间平动位移

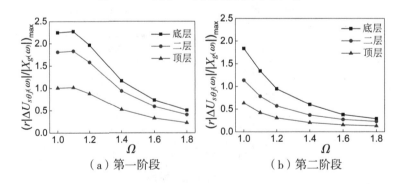

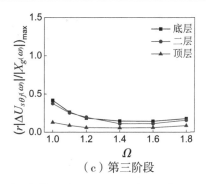

（c）第三阶段

图 4.21 不同 Ω 时层间扭转位移

对比分析图 4.19、图 4.20 及图 4.21 可看出，第一阶段 $\Omega \leqslant 1.1$ 时，结构扭转位移随 Ω 的增大而增大；$\Omega = 1.1$ 时，扭转位移达到最大，x 方向平动位移最小，x 方向平动与扭转耦联反应程度最为强烈，对结构抗扭设计极为不利。随着 Ω 的增大，结构整体反应将以 x 方向平动为主，x 方向平动与扭转耦联效应大幅度减弱。

4.3.3.2 b_y 对层间位移的影响（$\Omega = 1.4$，$b_x = 0.2$）

由随 b_y 变化的 x 方向层间平动位移（见图 4.22）可看出，随着 b_y 的增大，第一阶段 x 方向层间平动位移均匀减小，b_y 每增大 0.1，第一阶段 x 方向层间平动位移平均减小 5.43%；第二阶段时，底层 x 方向平动位移逐渐减小，而二层和顶层的则逐渐增大；第三阶段时，底层 x 方向平动位移平缓增大，而二层和顶层的则平缓减小，与第二阶段的变化趋势完全不同。由此也可看出，第一阶段时 x 方向层间平动位移随 b_y 的变化趋势一致，而不同的弹塑性发展阶段对 x 方向层间平动位移随 b_y 的变化规律有较大影响。

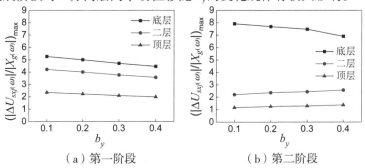

（a）第一阶段　　　　　　　　　（b）第二阶段

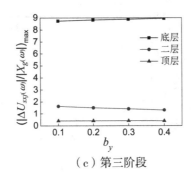

（c）第三阶段

图 4.22　不同 b_y 时 x 方向层间平动位移

分析图 4.23、图 4.24 可知，当 b_y 逐渐增大时，第一阶段 y 方向层间平动位移和层间扭转位移逐渐增大，且增大幅度逐渐减小；第二阶段时 y 方向层间平动位移和层间扭转位移的增大幅度均基本大于第一阶段的变化幅度；第三阶段时位移变化幅度与前两个阶段相比减小较多。表明不同阶段中 y 方向层间平动位移和层间扭转位移随 b_y 的变化趋势相一致；第二阶段时，弹塑性的发展加大了 y 方向层间平动位移和层间扭转位移随 b_y 的增大幅度；第三阶段时，b_y 对位移的影响被削弱。

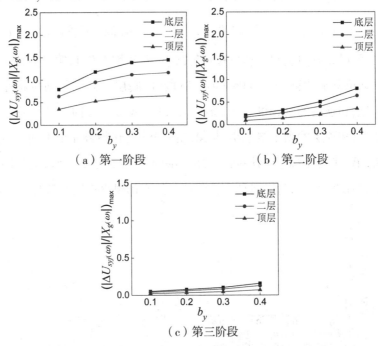

（a）第一阶段　　　　　　　　（b）第二阶段

（c）第三阶段

图 4.23　不同 b_y 时 y 方向层间平动位移

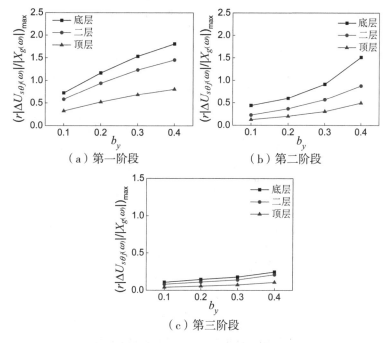

（a）第一阶段　　（b）第二阶段

（c）第三阶段

图 4.24　不同 b_y 时层间扭转位移

4.3.3.3　b_x 对层间位移的影响（ $\Omega = 1.4, b_y = 0.2$ ）

分析随 b_x 变化的 x 方向层间平动位移（图 4.25）可知，随着 b_x 的增大，第一阶段 x 方向层间平动位移逐渐减小，减小幅度逐渐加大；第二阶段时，位移变化幅度减小；第三阶段除二层 x 方向位移平缓增加，其他两层位移平缓减小。由此也可表明，第一阶段时 x 方向层间平动位移随 b_x 的变化趋势一致，而弹塑性的发展削弱了 b_x 的影响，且 x 方向层间平动位移随 b_x 的变化规律也不再一致。

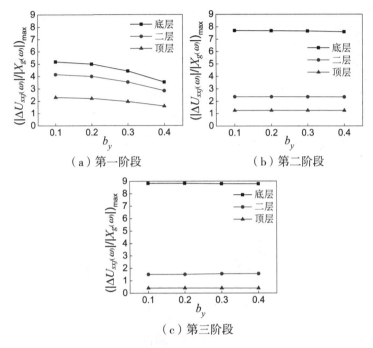

（a）第一阶段　　　　　　　　（b）第二阶段

（c）第三阶段

图4.25　不同 b_x 时 x 方向层间平动位移

如图4.26、图4.27所示,当 b_x 逐渐增大时,第一阶段 y 方向层间平动位移迅速增大,增大幅度逐渐减小;层间扭转位移逐渐增大并趋于平缓;第二阶段时,两者随 b_x 的增大幅度有所减小;第三阶段时 y 方向层间平动位移逐渐增大,底层及二层扭转位移则先减小后平缓增加,顶层扭转位移则逐渐减小,但该阶段位移变化幅度均较小。表明弹塑性的深入发展削弱了 b_x 对位移的影响,且改变了层间扭转位移随 b_x 的变化趋势。

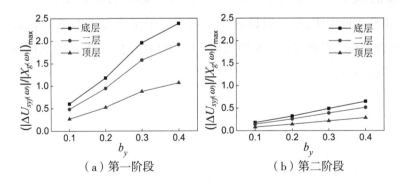

（a）第一阶段　　　　　　　　（b）第二阶段

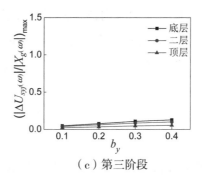

（c）第三阶段

图 4.26　不同 b_x 时 y 方向层间平动位移

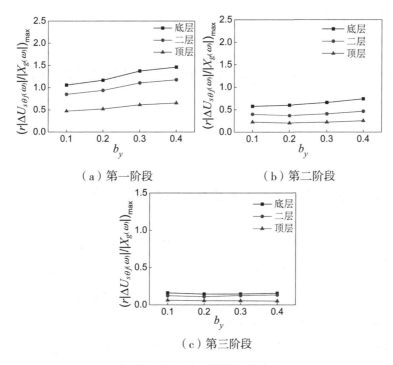

（a）第一阶段　　　　　　　　　（b）第二阶段

（c）第三阶段

图 4.27　不同 b_x 时层间扭转位移

　　第 3 章平扭耦联效应参数分析已表明,从第一阶段至第三阶段,第一阶相对振型频率比越来越接近 1,偏心结构第一阶振型趋向于相应非偏心结构受力方向的纯平动振型。这也同样决定了该过程中的受力方向平动位移越来越大（图 4.19 至图 4.27）。特别是从第一阶段至第二阶段时,底层受力方向位移增加幅度最大。如 $\Omega = 1.4, b_y = b_y = 0.2$ 时,从第一阶段至第二阶段、第二阶段至第三阶段,底层受力方向位移分别增大了 53.65% 和 14.94%。由于第二阶段时底层受力方向构件逐步进入屈服,而其他层构件及非受力方向构件均没有屈服,底层受力方向抗侧刚度的大幅度减少使得底层相对越来越薄弱,相应的位移传递函数峰值逐渐增大。第三阶段时,底层受力方向构件均已屈服,二层该方向构件也逐步进入屈服,使得底层受力方向位移的增大幅度有所减小。

通过上述位移参数分析获得了弹性、弹塑性阶段多层双向偏心结构地震反应随各参数变化的一般性规律,得到的研究成果可为实际中相关结构设计及抗震分析等提供参考。

4.4 多层双向偏心结构平扭耦联反应程度的参数分析

4.4.1 扭平频率比对平扭耦联程度的影响

偏心结构弹塑性阶段平扭耦联效应更多是受到弹性阶段以 Ω 衡量的总抗扭刚度大小的影响(Tso et al.,1995;Humar et al.,1999)。目前尚缺少 Ω 及 b_x、b_y 对多层双向均匀偏心结构从弹性到弹塑性全过程中的平扭耦联反应程度影响规律的分析,有必要深入研究。

为此,定义每一楼层两个平动方向层间位移传递函数峰值与相应层间扭转位移传递函数峰值的比值(即 x 方向平扭位移比 λ_{xj}、y 方向平扭位移比 λ_{yj})为相对位移传递函数,作为衡量 x 方向平动与扭转耦联程度、y 方向平动与扭转耦联程度的指标(李岳,2011;姜忻良 等,2009a;姜忻良 等,2009b),分别如公式(4.22)、(4.23)所示。λ_{xj}、λ_{yj} 减小,代表平扭耦联反应程度增强;λ_{xj}、λ_{yj} 增大,代表平扭耦联反应程度减弱。

$$\lambda_{xj} = \mid \Delta U_{sxj}(\omega) \mid_{\max} / (r \mid \Delta U_{s\theta j}(\omega) \mid_{\max}) \qquad (4.22)$$

$$\lambda_{yj} = \mid \Delta U_{syj}(\omega) \mid_{\max} / (r \mid \Delta U_{s\theta j}(\omega) \mid_{\max}) \qquad (4.23)$$

分析第一阶段随 Ω 变化的 λ_{x1} [图 4.28(a)]可知,随着 Ω 的增大,当 b_y ≤0.2 时,λ_{x1} 先减小后增大,转折点在 $\Omega=1.1$ 处;当 $b_y>0.2$ 时,λ_{x1} 逐渐增大。这一变化现象与本书第 4.3.3 节分析的位移变化规律有关。表明随着 Ω 的增大,当 b_y ≤0.2 且 Ω ≤1.1 时,结构整体反应中的平动变形成分减少,耦合的扭转变形成分增加,x 方向平扭耦联程度增强;当 $b_y>0.2$ 时,整体反应中 x 方向平动变形成分增加,耦合的扭转变形成分减少,x 方向平扭耦联程度迅速减弱。

由图 4.28(b)可看出,当增大 Ω 时,第二阶段时 λ_{x1} 逐渐增大,表明 x 方向平扭耦联程度随 Ω 的增大而迅速减弱;第三阶段时[图 4.28(c)],λ_{x1} 逐渐增大并出现平缓阶段,而后逐渐减小。其原因是该阶段中扭转位移随 Ω 的增大而稍有增大,而底层 x 方向位移变化较小,从而使 x 方向平扭耦联程度先减弱后稍有增强。

对比图 4.29、4.30 与图 4.28 可知,当 b_y 相同时,三个阶段中 λ_{x2}、λ_{x3} 随 Ω 的变化趋势与 λ_{x1} 基本一致,即二层、三层平扭耦联程度的变化规律与底层相一致。

当 b_y 不变时,第一阶段中的 λ_{xj} 相差不大;第二阶段中 λ_{x1} 逐渐增大,且明显大于 λ_{x2}、λ_{x3};第三阶段中 λ_{x1} 继续增大,且远大于 λ_{x2},λ_{x2} 及 λ_{x3} 继续增大,且 λ_{x2} 明显大于 λ_{x3},但当 $\Omega>1.6$ 时,λ_{x3} 与第二阶段相比有所减小。在外荷载作用下,第二阶段时,底层受力方向抗侧力构件首先屈服,该方向平动位移大幅度增加,相应的平扭耦联反应程度逐渐减弱。第三阶段时,底层构件已基本全部屈服,二层受力方向构件也逐步屈服,底层平扭位移比进一步加大。由图 4.19 与图 4.21 可知,虽然该阶段中二层平动位移和扭转位移都有所减小,但扭转位移减小幅度相对更大,因此 λ_{x2} 明显增大,二层受力方向平扭耦联程度减弱。第三阶段 $\Omega>1.6$ 时,三层平动位移随着 Ω 的增大稍有减小,而相应的扭转位移有所增加,λ_{x3} 小于第二阶段时的 λ_{x3} 值,与第二阶段相比,x 方向平扭耦联程度有所增强。

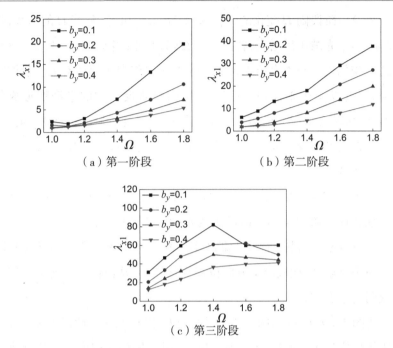

（a）第一阶段　　　　　（b）第二阶段

（c）第三阶段

图 4.28　不同阶段中随 Ω 变化的 λ_{x1}（b_x=0.2）

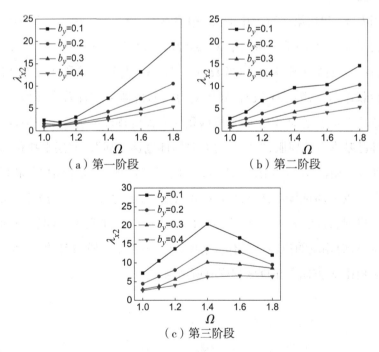

（a）第一阶段　　　　　（b）第二阶段

（c）第三阶段

图 4.29　不同阶段中随 Ω 变化的 λ_{x2}（b_x=0.2）

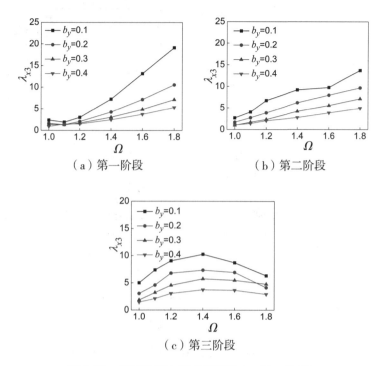

（a）第一阶段　　　　　　　（b）第二阶段

（c）第三阶段

图 4.30　不同阶段中随 Ω 变化的 λ_{x3}（$b_x=0.2$）

由随 Ω 变化的 λ_{yj}（图 4.31、图 4.32 及图 4.33）可知,随着 Ω 的增大,第一阶段当 $b_y \leqslant 0.2$ 时,λ_{y1} 与 λ_{y2} 逐渐增大;当 $b_y > 0.2$ 时,λ_{y1} 与 λ_{y2} 先减小后逐渐增大,转折点在 $\Omega=1.2$ 处;当 $b_y=0.3$ 时,λ_{y3} 先减小后增大,其他情况下 λ_{y3} 逐渐增大。第一阶段 λ_{yj} 随 Ω 的总体变化规律:当 Ω 大于或等于 1.2 后,y 方向平扭位移比随着 Ω 的增大而平缓增大,y 方向平扭耦联程度逐渐减弱。

随着 Ω 的增大,第二阶段时 λ_{yj} 基本上先增大后减小;相同 Ω 下不同 b_y 的影响趋势并不明显,这也与该阶段中非受力方向平动位移及扭转位移随 Ω 增大的变化规律有关。第三阶段时,λ_{yj} 仍基本上先增大后减小,转折点在 $\Omega=1.2$ 左右,转变之后,b_y 越小,λ_{yj} 越小。表明第二、第三阶段时,y 方向平扭耦联程度基本上随着 Ω 的增大先减弱后增强;第三阶段,当 $\Omega \geqslant 1.4$ 时,b_y 越小,y 方向平扭耦联程度越强。

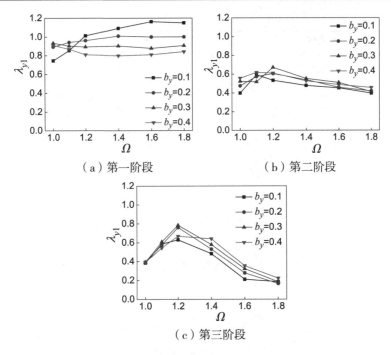

（a）第一阶段　　　　　　（b）第二阶段

（c）第三阶段

图4.31　不同阶段中随 Ω 变化的 λ_{y1}（b_x=0.2）

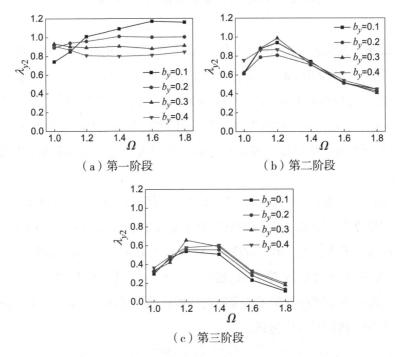

（a）第一阶段　　　　　　（b）第二阶段

（c）第三阶段

图4.32　不同阶段中随 Ω 变化的 λ_{y2}（b_x=0.2）

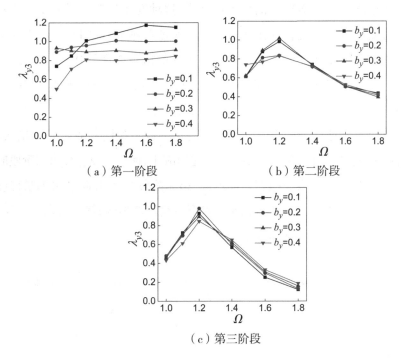

（a）第一阶段　　　　　　　　　（b）第二阶段

（c）第三阶段

图4.33　不同阶段中随 Ω 变化的 λ_{y3}（b_x=0.2）

从第一阶段至第三阶段,y 方向平扭位移比基本逐渐减小,而当 $\Omega=1.2$ 时,底层和顶层的 y 方向平扭位移比变化规律不明显,但均小于第一阶段。表明弹塑性发展过程中,非受力方向平动与扭转耦联程度相对增强。第3章平扭耦联效应参数分析表明,弹塑性发展过程中,以非受力方向平动与扭转为主的第二阶、第三阶振型中非受力方向平动与扭转耦联效应增强,从而也决定了弹塑性发展过程中,结构整体反应中的非受力方向平动与扭转的耦联程度增强。

4.4.2　双向偏心率对平扭耦联程度的影响

本小节展开不同阶段内双向偏心率 b_y、b_x 对平扭耦联程度影响的参数分析($\Omega=1.4$)。

分析随 b_y、b_x 变化的 λ_{xj}（图4.34、图4.35 及图4.36）可知,当 b_x 一定

时,三个阶段内 λ_{xj} 均随 b_y 的增大而减小,这种变化趋势与图 4.22、图 4.24 分析的位移随 b_y 的变化规律相关。其原因是 b_y 越大,说明与受力方向平行的抗侧力构件布置越不均匀,结构整体承受的扭矩作用越强,扭转反应也会较大,受力方向平扭位移比减小,平扭耦联程度增强。分析表明,b_y 对 λ_{xj} 的这种影响趋势不受 b_x、Ω 及弹塑性发展的影响。

当 b_y 一定时,不同阶段内 b_x 对 λ_{xj} 的影响也不相同。随着 b_x 的增大,第一阶段 λ_{xj} 随之减小;第二阶段时,λ_{x1} 逐渐减小,而 λ_{x2}、λ_{x3} 及第三阶段时的 λ_{xj} 先增大后减小。表明随着 b_x 的增大,第一阶段时,x 方向平扭耦联程度随之增强;第二阶段内底层 x 方向平扭耦联程度逐渐增强;第二阶段的二层、三层及第三阶段各层,则先减弱后增强。

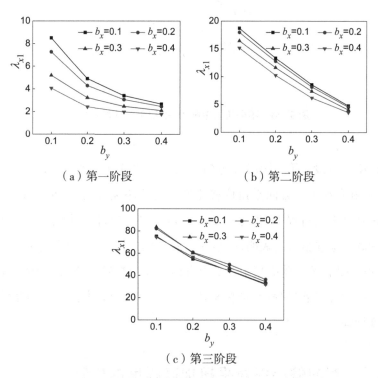

(a) 第一阶段　　　　　　　(b) 第二阶段

(c) 第三阶段

图 4.34　不同阶段中随 b_y 变化的 λ_{x1} (Ω =1.4)

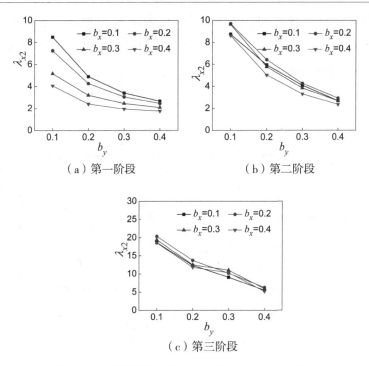

（a）第一阶段　　　　　　　　（b）第二阶段

（c）第三阶段

图 4.35　不同阶段中随 b_y 变化的 λ_{x2}（$\Omega = 1.4$）

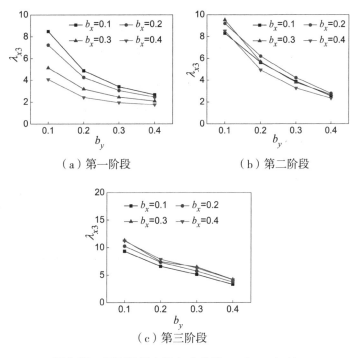

（a）第一阶段　　　　　　　　（b）第二阶段

（c）第三阶段

图 4.36　不同阶段中随 b_y 变化的 λ_{x3}（$\Omega = 1.4$）

随 b_y、b_x 变化的 λ_{yj} 如图 4.37、图 4.38 及图 4.39 所示。分析可知,当 b_x 不变,b_y 逐渐增大时,第一阶段 λ_{yj} 随之减小;且当 $b_x \leqslant 0.2$ 时,b_y 越大,λ_{yj} 随 b_y 增大而减小的幅度也越大。表明第一阶段时,y 方向平扭耦联程度随着 b_y 的增大而增强,且当 $b_x \leqslant 0.2$ 时,b_y 越大,增强得越明显。

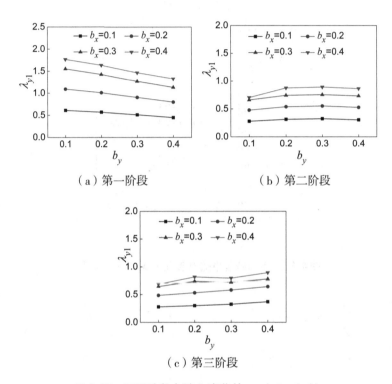

（a）第一阶段　　　　　　　　（b）第二阶段

（c）第三阶段

图 4.37　不同阶段中随 b_y 变化的 λ_{y1}（$\Omega = 1.4$）

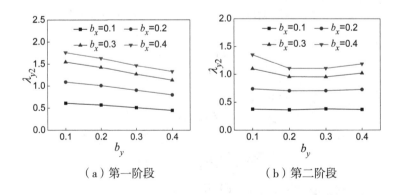

（a）第一阶段　　　　　　　　（b）第二阶段

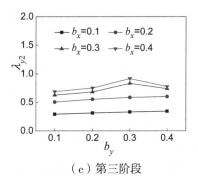

（c）第三阶段

图4.38　不同阶段中随 b_y 变化的 λ_{y2}（$\Omega=1.4$）

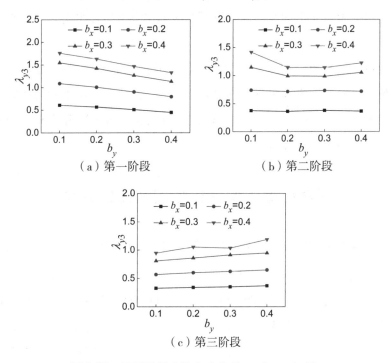

（a）第一阶段　　　　　　　　　　（b）第二阶段

（c）第三阶段

图4.39　不同阶段中随 b_y 变化的 λ_{y3}（$\Omega=1.4$）

　　随着 b_y 的增大，第二阶段 λ_{y1} 先增大后减小，λ_{y2} 和 λ_{y3} 先减小后增大；第三阶段时，λ_{y1} 与 λ_{y3} 平缓增大；当 $b_x \leqslant 0.2$ 时，λ_{y2} 平缓增大，当 $b_x > 0.2$ 时，λ_{y2} 先增大后减小。这种变化趋势也是与该阶段中位移传递曲线峰值随偏心率的变化规律有关。表明弹塑性第二、第三阶段对 y 方向平扭耦联程度随 b_y 增大的变化规律有较大影响，各层变化规律不再保持一致，而是变得比较复杂。

当 b_y 不变时,三个阶段内 λ_{yj} 随着 b_x 的增大而增大,表明 y 方向平扭耦联反应程度逐渐减弱。对于不同的 b_y,第一阶段 b_x 由 0.1 增大到 0.4 的过程中, λ_{y1}、λ_{y2}、λ_{y3} 分别平均增大了 77.97%、41.35% 及 15.27%。对图 4.26、图 4.27 的分析表明,增大 b_x 对 y 方向平动位移的增大幅度远大于对扭转位移的增大幅度,从而使 λ_{yj} 逐渐增大,y 方向平扭耦联程度减弱。b_x 对 λ_{yj} 的这种影响趋势不受 b_y、Ω 及弹塑性发展的影响。

由图 4.34 到图 4.39 也可发现与图 4.28 到图 4.33 类似的规律,即从第一阶段至第三阶段,λ_{xj} 逐渐增大,λ_{yj} 逐渐减小,λ_{x1} 增大尤为明显,即结构整体反应中受力方向平动与扭转耦联反应程度逐渐减弱,非受力方向平动与扭转耦联反应程度相对增强。

通过上述平扭耦联反应程度的参数分析获得了弹性、弹塑性阶段多层双向偏心结构受力方向平动与扭转耦联反应、非受力方向平动与扭转耦联反应随各参数变化的一般性规律,得到的研究成果可为实际中相关结构设计及抗震分析等提供参考。

4.4.3 不同偏心率下位移比随周期比的变化

第 4.4.1 节和第 4.4.2 节分析表明,不同 b_x、b_y 的平扭位移比 λ_{xj} 有较大的差别,则相应的扭平位移比 $1/\lambda_{xj}$(即相对扭转效应)也会不同。第 3.5.3 节分析表明,不同 b_x、b_y 对耦联周期比 T_t/T_1 也有较大影响,从而影响到扭平位移比随周期比的变化大小。因此,此小节主要分析不同 b_x、b_y 下,顶层 x 方向扭平位移比随周期比的变化规律,以期得到一些可供完善相关规范条文参考的结论。

随耦联周期比 T_t/T_1 变化的顶层 x 方向扭平位移比 $1/\lambda_{x3}$ 如图 4.40、图 4.41 所示,表 4.1 到表 4.4 为相应计算结果。分析图表中数据可知,b_x、b_y 一定时,位移比基本随着周期比的增大而增大,结构扭转效应明显增大。周期比相同时,不同 b_x、b_y 下的位移比差值较大,即相同位移比对应的不同偏心率下的周期比并不相同,基本是 b_x、b_y 越大,对应的周期比值越小。由图 4.40(a)及表 4.1 可明显看到:当 T_t/T_1 取 0.8 时,对应的 $b_y = 0.1 \sim 0.4$ 下的位移比逐渐增大;类似的,由图 4.41(a)及表 4.1 到表 4.4 可看到,当位移比取 0.4 时,对应的 $b_x = 0.1 \sim 0.4$ 下的 T_t/T_1 逐渐减小。表明随着 b_y、b_x 的增大,某一特定位移比对应的周期比限值逐渐减小。其他 b_y、b_x 下,也存在类似现象,此处不一一列举。

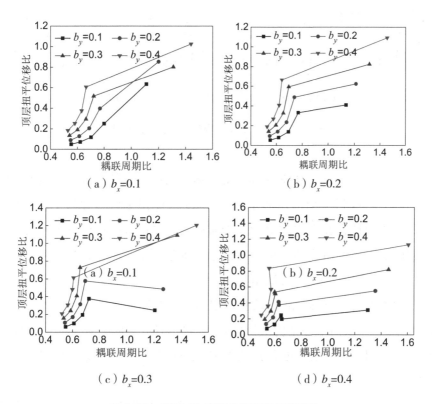

图 4.40　随 T_t/T_1 变化的顶层扭平位移比

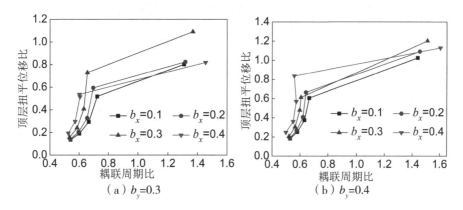

图 4.41　随 T_t/T_1 变化的顶层扭平位移比

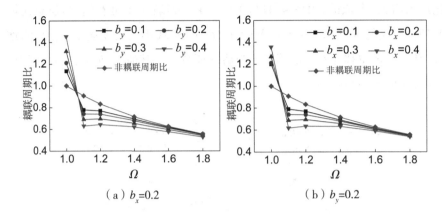

（a）$b_x=0.2$　　　　　　　　　（b）$b_y=0.2$

图 4.42　随 Ω 变化的耦联与非耦联周期比

　　徐培福等（2000）对单向质量偏心引起的高层建筑弹性阶段平扭耦联反应进行研究，得到了结构顶部相对扭转效应（即扭平位移比）与偏心率及 T_t/T_1 的近似计算公式，以此建议了控制单向质量偏心结构相对扭转效应的周期比限值，相关研究结果被现行国家标准《高层建筑混凝土结构技术规程》（JGJ 3—2010）采用，《高层建筑混凝土结构技术规程》（JGJ 3—2010）中对结构的周期比进行限制，但没有考虑偏心率对周期比的影响。本书研究结果充分说明双向偏心结构平扭耦联不但与周期比相关，还受到双向偏心率的影响，对于扭转效应更为敏感的高层建筑而言，这一现象更应引起足够的重视。

　　图 4.42 给出了不同 Ω 时对应的耦联周期比与非耦联周期比曲线，很明显，非耦联周期是 Ω 的倒数，而耦联周期则通过计算得到。由图 4.42 可明显看出，不同偏心率下的耦联周期比与非耦联周期比并不相同，双向偏心率越大，耦联周期比与非耦联周期比的差别越大。对于 $\Omega=1$ 的结构，相差最为明显，耦联周期比大于非耦联周期比，差值能达到 31.78%。当 $\Omega \geqslant 1.1$ 时，耦联周期比小于非耦联周期比；随着 Ω 的增大，差值虽逐渐减小，但差别并不小，即使对于 $\Omega=1.6$ 的偏心结构，在 $b_x=0.2$、$b_y=0.4$ 时差值仍能达到 8.47%。

　　通过以上分析可以清楚地了解多层双向偏心结构里耦联周期比与非耦联周期比及双向偏心率的关系。徐培福等（2000,2006）基于对单向质量偏心结构的研究，认为在满足《高层建筑混凝土结构技术规程》（JGJ 3—2010）

规定的位移比的情况下,且耦联周期比在 0.8~0.9 的范围时,非耦联周期比与耦联周期比相差 5% 以内,很明显这一单向质量偏心分析结果不适用于多层刚度偏心结构。

表 4.1　不同 b_y 时随 T_t/T_1 变化的顶层扭平位移比 $1/\lambda_{x3}$（b_x = 0.1）

Ω	b_y = 0.1		b_y = 0.2		b_y = 0.3		b_y = 0.4	
	T_t/T_1	$1/\lambda_{x3}$	T_t/T_1	$1/\lambda_{x3}$	T_t/T_1	$1/\lambda_{x3}$	T_t/T_1	$1/\lambda_{x3}$
1	1.110 8	0.633 9	1.199 9	0.853 5	1.309 5	0.802 3	1.439 7	1.025 5
1.2	0.800 2	0.250 0	0.769 2	0.397 9	0.722 5	0.517 6	0.665 5	0.605 7
1.4	0.703 1	0.118 0	0.689 1	0.204 8	0.665 0	0.294 1	0.631 8	0.375 5
1.6	0.621 3	0.072 6	0.613 9	0.128 6	0.600 6	0.190 3	0.581 2	0.252 0
1.8	0.554 2	0.050 1	0.549 9	0.089 7	0.542 0	0.135 3	0.530 0	0.183 7

表 4.2　不同 b_y 时随 T_t/T_1 变化的顶层扭平位移比 $1/\lambda_{x3}$（b_x = 0.2）

Ω	b_y = 0.1		b_y = 0.2		b_y = 0.3		b_y = 0.4	
	T_t/T_1	$1/\lambda_{x3}$	T_t/T_1	$1/\lambda_{x3}$	T_t/T_1	$1/\lambda_{x3}$	T_t/T_1	$1/\lambda_{x3}$
1	1.135 2	0.408 9	1.211 5	0.622 8	1.317 9	0.824 1	1.454 5	1.091 4
1.2	0.768 7	0.331 9	0.738 3	0.488 4	0.695 1	0.593 6	0.642 3	0.664 7
1.4	0.693 3	0.138 2	0.678 5	0.235 0	0.653 9	0.327 8	0.620 7	0.4079
1.6	0.617 6	0.079 5	0.609 9	0.139 9	0.596 1	0.204 9	0.576 2	0.2681
1.8	0.552 3	0.053 4	0.547 8	0.094 9	0.539 5	0.141 4	0.527 2	0.188 9

表 4.3　不同 b_y 时随 T_t/T_1 变化的顶层扭平位移比 $1/\lambda_{x3}$（b_x = 0.3）

Ω	b_y = 0.1		b_y = 0.2		b_y = 0.3		b_y = 0.4	
	T_t/T_1	$1/\lambda_{x3}$	T_t/T_1	$1/\lambda_{x3}$	T_t/T_1	$1/\lambda_{x3}$	T_t/T_1	$1/\lambda_{x3}$
1	1.205 2	0.245 7	1.267 6	0.483 3	1.368 3	1.090 1	1.510 1	1.202 4
1.2	0.722 8	0.375 5	0.694 3	0.577 4	0.655 2	0.728 2	0.607 3	0.612 5
1.4	0.674 8	0.194 3	0.657 4	0.313 9	0.631 6	0.408 4	0.598 6	0.479 7
1.6	0.610 2	0.098 2	0.601 3	0.169 6	0.586 3	0.241 1	0.565 5	0.305 7
1.8	0.549 2	0.060 5	0.544 2	0.106 8	0.535 3	0.157 4	0.522 3	0.207 2

表4.4　不同 b_y 时随 T_t/T_1 变化的顶层扭平位移比 $1/\lambda_{x3}$（b_x=0.4）

Ω	$b_y = 0.1$		$b_y = 0.2$		$b_y = 0.3$		$b_y = 0.4$	
	T_t/T_1	$1/\lambda_{x3}$	T_t/T_1	$1/\lambda_{x3}$	T_t/T_1	$1/\lambda_{x3}$	T_t/T_1	$1/\lambda_{x3}$
1	1.299 6	0.309 4	1.355 4	0.549 2	1.454 3	0.818 7	1.604 7	1.129 1
1.2	0.655 3	0.198 1	0.634 1	0.376 1	0.601 4	0.535 6	0.559 2	0.836 1
1.4	0.650 1	0.246 1	0.631 3	0.412 5	0.605 6	0.514 6	0.573 5	0.570 0
1.6	0.600 6	0.129 8	0.589 6	0.219 0	0.572 9	0.297 8	0.551 2	0.360 9
1.8	0.543 3	0.078 2	0.537 1	0.136 0	0.526 7	0.194 5	0.499 5	0.247 8

4.5　本章小结

本章对第 3 章得到的多层双向偏心结构三个阶段内的运动方程进行频域内求解，得到结构的地震反应解，实现了在三个阶段内对多层双向偏心结构进行全过程地震反应参数分析，得到了弹性、弹塑性阶段各参数对多层双向偏心结构地震反应影响的普遍性规律，具体结论如下：

（1）x 方向、y 方向平动位移及扭转位移传递函数曲线分别在外界激励频率等于或接近 x 方向平动振型频率、y 方向平动振型频率及扭转振型频率时，出现峰值，而当外界激励频率偏离该阶振型的自振频率时，相应的位移传递函数幅值很小。表明结构动力响应与结构本身的自振频率、地震波主要频率范围等密切相关。

（2）当双向偏心率不变时，第一阶段，随着扭平频率比 Ω 的增大，受力方向位移先减小后增大，而非受力方向位移与扭转位移则先增大后迅速减小，Ω=1.1 时为转折点，此时 x 方向平动与扭转耦联反应程度最为强烈。随着 Ω 的增大，结构整体抗扭刚度增强，反应将以受力方向平动为主，该方向平动与扭转的耦联效应大幅度减弱。第二、第三阶段时层间受力方向位移的变化趋势不再一致，且变化幅度较小，Ω 对位移的影响被削弱。

（3）受力方向构件不均匀布置形成的偏心率 b_y 越大，说明与受力方向平行的抗侧力构件布置越不均匀,结构整体承受的扭矩作用也越强,此时受力方向位移均匀减小,b_y 每增大 0.1,受力方向位移平均减小 5.43%。增大非受力方向构件布置的偏心率 b_x 时,受力方向位移逐渐减小,且减小幅度逐渐加大。非受力方向位移与扭转位移均会随着双向偏心率的增大而增大。不同的弹塑性发展阶段对位移随参数的变化规律都有一定程度的影响。

(4)当逐渐增大 Ω,$b_y \leq 0.2(b_x=0.2)$ 时,受力方向平扭耦联程度在 $\Omega=1.1$ 时达到最强,而非受力方向平扭耦联程度逐渐减弱;当 $b_y > 0.2(b_x=0.2)$ 时,受力方向平扭耦联程度逐渐减弱,而非受力方向平扭耦联程度在 $\Omega=1.2$ 左右时达到最强。可见,在扭平频率比为 1.1~1.2 时,结构整体平扭耦联反应程度最为强烈,对结构抗扭设计非常不利,实际中设计相关结构时需注意。

(5)当非耦联周期比相同时,不同偏心率下的耦联周期比与非耦联周期比并不相同,双向偏心率越大,耦联周期比与非耦联周期比的差别越大。相同位移比对应的不同偏心率下的周期比差别较大,基本是双向偏心率越大,对应的周期比越小。研究结果充分说明双向偏心结构平扭耦联与周期比、双向偏心率密切相关,对于扭转效应更为敏感的高层建筑而言,这一现象更应引起足够的重视。

第 5 章

结构体系精细模型的动力弹塑性时程分析

5.1　引言

　　第 3 章和第 4 章已通过第 2 章提出的简化模型对多层双向偏心结构平扭耦联效应及频域内地震反应等进行了系统的参数分析和研究。为了进一步验证简化模型的准确性和可靠性,本章在前几章研究的基础上采用结构软件中应用比较广泛的大型通用有限元 ANSYS 软件建立了偏心结构相应的有限元精细模型进行模态分析及动力弹性、弹塑性时程分析,对本书提出的简化模型的动力特性及动力反应进行了验证,并验证了书中得到的各项理论研究结论;对柱子中扭转位移产生的内力与纯平动位移产生的内力的比值随扭平频率比的变化规律进行了分析,得到了可供实际结构分析参考的结论。

5.2　空间有限元模型的建立

5.2.1　钢筋混凝土分析模型

　　钢筋混凝土是由两种不同的材料组合而成,建模时需要考虑两种材料不同的受力性能及其他因素的影响,根据分析对象和分析目的选用合适的有限元分析模型。钢筋混凝土结构进行有限元分析时通常采用的模型有分离式、组合式和整体式(陈磊,2004)。

分离式模型是把钢筋和混凝土分别当作不同的单元来处理,钢筋和混凝土各自被划分成足够小的单元。由于钢筋混凝土结构中的钢筋是一种细长材料,通常可以忽略其横向抗剪作用,这样可以将钢筋作为线性单元来处理。当考虑钢筋与混凝土之间的黏结与滑移时,可以采用联结单元。当需要研究单个构件里钢筋和混凝土之间相互作用的微观机制,可采用分离式模型,但该模型对计算机容量和速度的要求也比较高。

将钢筋弥散于整个单元中,视单元为连续均匀材料的模型为整体式模型,该模型可以通过提高材料的屈服强度和弹性模量等方法来模拟钢筋对结构的贡献。整体式模型建模方便,易于收敛,当人们比较关心结构物在外荷载作用下的宏观反应(如结构的总体位移等)时,采用整体式模型比较合适,重要的是该模型分析结果也足够精确。

组合式模型介于分离式模型和整体式模型之间,该模型同样不考虑钢筋与混凝土之间的相对滑移。与整体式模型不同的是,该模型分别求出混凝土与钢筋对单元刚度矩阵的贡献,然后再组合成复合刚度矩阵。组合式模型通常采用的方式有分层组合式、钢筋和混凝土组合单元等方式。

考虑到本书主要对结构进行整体分析,考察偏心结构平动与扭转位移耦联效应,因此文中选用整体式模型。将钢筋弥散于整个单元中,视单元为连续均匀材料,钢筋对整个结构的贡献通过刚度 EI 等效原则提高材料的弹性模量来实现(陈波 等,2002):

$$EI = E_c I_c + E_s I_s \qquad (5.1)$$

式中,E、I 分别为弹性模量和截面惯性矩;角标 c、s 分别指混凝土部分和钢筋部分。

5.2.2 结构参数的选取

结构平面布置及框架柱子尺寸见本书第 2.4.1 节,框架纵梁尺寸取 0.25 m×0.6 m,框架横梁尺寸取 0.25 m×0.55 m,次梁尺寸取 0.2 m×

0.4 m,楼面厚度 100 mm。采用的混凝土强度等级为 C30。框架梁和框架柱选用可以定义截面尺寸的 BEAM188 梁单元,楼面采用壳单元 SHELL63(王新敏,2007)。

利用 ANSYS 软件对三维精细模型进行非线性弹塑性分析。上部结构直接采用力–位移的恢复力模型比较难以实现,因此,梁、柱单元均采用基于应力–应变层面的弹塑性本构模型,在该弹塑性本构模型中采用服从 Von Mises 屈服的相关联流动规则的双线性等向硬化模型(BISO)(王新敏,2007),引入单轴屈服应力,则 Von Mises 屈服条件可改写为

$$f = \sqrt{3}\sqrt{J_2} - y(H_a) = 0 \tag{5.2}$$

式中,$y(H_a)$ 为单轴试验条件下的屈服应力;J_2 为应力偏量第二不变量。

在等向硬化模型中,硬化常数在数值上等于屈服后的应力–应变的斜率,即等于塑性强化模量 E_t。在 ANSYS 程序中只需定义出屈服前弹性模量,屈服后切线模量及屈服强度即可。文中分析时,仍取屈服后切线模量为屈服前弹性模量的 10%。

5.2.3　地震波的选取

采用时程法对结构进行地震反应分析时,需直接输入地震波加速度时程曲线,而地震波是个频带较宽的非平稳随机振动,其变化受到震中距、波传递途径的地质条件、场地土构造和类别等的影响。经时程分析表明,输入地震波不同,所得出的地震反应相差甚远,因此,合理选择地震波进行动力分析是保证计算结果可靠性的关键一步。

正确地选择地震波,需满足地震动三要素:频谱特性、持续时间和振幅的要求,频谱特性可用地震影响系数曲线表征,依据所处的场地类别和设计地震分组确定。《高层建筑混凝土结构技术规程》(JGJ 3—2010)第 4.3.5 条规定:地震波持续时间不宜小于建筑物基本周期的 5 倍和 15 s,地震波的时间间隔可取 0.01 s 或 0.02 s。根据分析结构的基本自振周期,选取包含主要能量段持续时间为 15 s、间隔为 0.02 s 的天津波、El Centro 波及一条Ⅲ类场地的天津人工波为动力分析外荷载。天津地区的抗震设防烈度为 7 度,根据

《建筑抗震设计规范》(GB 50011—2010)(2016 年版)规定,设计基本地震加速度为 0.15g,考虑进行多遇和罕遇地震下分析,将地震波按比例分别调整到最大值为 55 gal 和 310 gal。

　　三条地震波的加速度时程记录(幅值已调到 310 gal)及各自的频谱图如图 5.1 及图 5.2 所示,它直观地反应了地震波能量在频域内的分布特点,其最大幅值对应的频率称为卓越频率(刘大海 等,1993),三条地震波的卓越频率分别约为 1.065 2 Hz、1.464 7 Hz 及 1.930 8 Hz。三条地震波的频率成分相差较大,天津波以低频成分为主,高频含量较低;El Centro 波频率成分较适中;而天津人工波的高频成分含量较高。地震波的频率成分和卓越频率大小对结构的动力反应有较大的影响,选波的频率成分差异较大,得到的结论将具有更广泛的代表性。

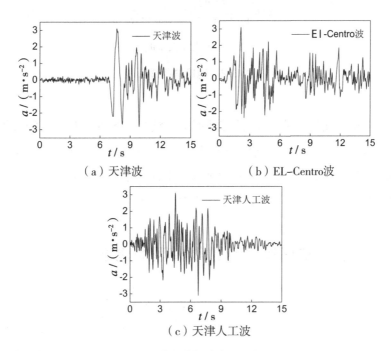

（a）天津波　　　　　　　　　　（b）EL-Centro波

（c）天津人工波

图 5.1　地震波加速度时程曲线

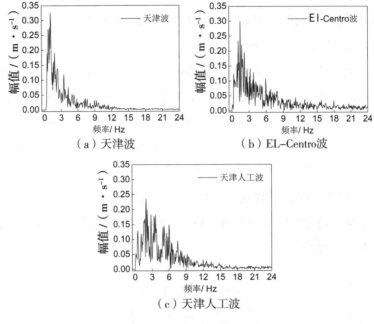

图5.2　地震波频谱图

三条地震波均为地面波,即在地面上对整个上部结构进行 x 方向地震动加载。对刚性地基上偏心结构分析时,利用 ANSYS 软件中选择、施加命令及 APDL 设计语言等选取整个结构施加地震动加速度。对地基土-偏心结构分析时,利用相应命令选出整个上部结构来施加地震动加速度。

5.2.4　三维空间有限元精细模型的建立

在建立空间有限元模型时,还必须注意网格尺寸的大小。单元网格较小时,求解精度较高,但是自由度数较多,求解时间、计算量及所需求解空间也必然很大,而当网格尺寸小于 5 cm 时,计算可能出现困难;同样,网格尺寸也不能太大,否则将会影响求解精度。一般的网格密度要求:网格应该细到足以确定感兴趣的最高阶振型;重点考察部位的网格要细一些等。结合数值分析经验,指出考虑上、下方向的剪切波,单元高度可取为(王松涛 等,1997)

$$h_{\max} = \left(\frac{1}{5} \sim \frac{1}{8} \right) \lambda_s \tag{5.3}$$

式中，λ_s 为波长。

综合考虑上述几个方面，本研究中建立的刚性地基上三层分析算例（平面布置如图 2.9）的三维精细模型如图 5.3 所示。

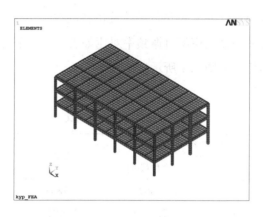

图 5.3　刚性地基上偏心结构三维精细模型

5.3　偏心结构三维精细模型计算与分析

5.3.1　偏心结构简化模型与精细模型的动力特性对比分析

对图 5.3 中有限元模型进行模态分析，计算中采用刚性楼板，对于多层偏心结构，只有在刚性楼板假定下的"刚心"才有意义（韩军，2009）。有限元模型节点数共有 4 209 个，相应的总自由度数目为 25 110，对有限元模型进行模态分析最多可提取的模态数也共有 25 110 阶。

结构模态通常包括固有频率、固有振型、模态质量、模态刚度和模态阻尼比等参数，其中最重要的是频率和振型。通过分析可知，第十阶及更高阶振型多为楼面翘曲振型,因此对前九阶自振频率和相应的振型进行分析,并与简化模型的九阶自振频率和振型进行对比。

偏心结构三维空间有限元模型平扭耦联振型为空间振动形式,包含有 x、y 和 z 方向的平动,z 方向平动分量很小,可以忽略不计。对精细模型进行模态分析后,求出各阶振型的每层质心处 x、y 方向平动位移及每层绕质心的转角 R_{oz},即可得到每一阶 x、y 方向平动及扭转的振型分量。精细模型计算的前九阶自振频率与简化模型自振频率对比如表 5.1 所示,精细模型分析得到的前九阶空间振型如图 5.4 所示。

表 5.1　结构动力特性对比

频率阶数	自振频率/ Hz		误差	主振型
	精细模型	简化模型		
1 阶	2.5368	2.5694	1.28%	x 方向平动为主
2 阶	2.7330	2.7932	2.20%	y 方向平动为主
3 阶	3.2815	3.4373	4.75%	R_z 方向扭转为主
4 阶	7.2279	7.1994	−0.39%	x 方向平动为主
5 阶	7.8030	7.8264	0.30%	y 方向平动为主
6 阶	9.4415	9.6307	2.00%	R_z 方向扭转为主
7 阶	10.6820	10.4034	−2.61%	x 方向平动为主
8 阶	11.5700	11.3094	−2.25%	y 方向平动为主
9 阶	14.1510	13.9168	−1.66%	R_z 方向扭转为主

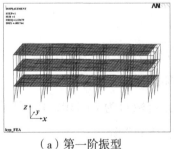

（a）第一阶振型

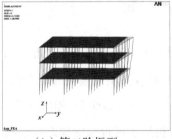

（b）第二阶振型

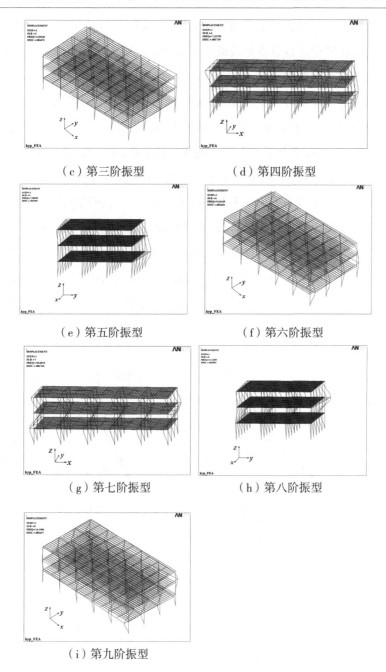

（c）第三阶振型　　　　　　　（d）第四阶振型

（e）第五阶振型　　　　　　　（f）第六阶振型

（g）第七阶振型　　　　　　　（h）第八阶振型

（i）第九阶振型

图 5.4　精细模型的前九阶空间振型图

比较表 5.1 中两种模型计算结果可知：简化模型九阶自振频率与精细模

型前九阶自振频率的相对误差都在 5% 以内,验证了简化模型的合理性,也表明采用简化模型进行分析是准确和可靠的。观察图 5.4 可知,偏心结构三维精细模型的空间振型是成对出现的,且每一对振型中包含两个以平动为主的振型和一个以扭转为主的振型,第一阶、第四阶及第七阶振型以 x 方向平动为主,同时耦合了 y 方向平动和扭转变形;第二阶、第五阶及第八阶振型以 y 方向平动为主,耦合了 x 方向平动和扭转变形;第三阶、第六阶及第九阶振型以扭转为主,耦合了两个水平方向的平动变形。精细模型的空间振型分析结果也验证了本书第 3.3.1 节中简化模型振型分析结果的可靠性。

为进一步对比简化模型与精细模型各楼层相对振动情况,根据求出的每层质心处 x、y 方向平动位移及每层绕质心处的转角 Roz,以精细模型每一阶主振型的顶层振幅做归一化处理,绘制前九阶振型幅值图,并给出简化模型相应结果进行对比,如图 5.5 所示,图中 Φ_{xji},Φ_{yji} 和 $\Phi_{\theta ji}$ 的意义见本书第 3.3.1 节。

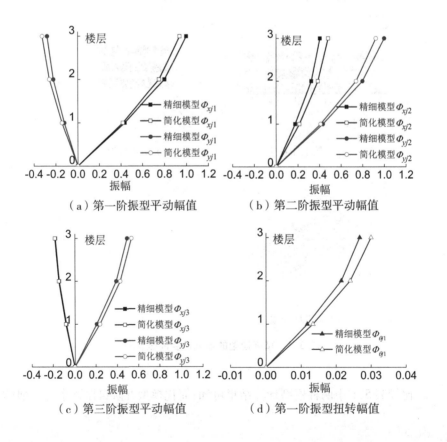

(a) 第一阶振型平动幅值　　　(b) 第二阶振型平动幅值

(c) 第三阶振型平动幅值　　　(d) 第一阶振型扭转幅值

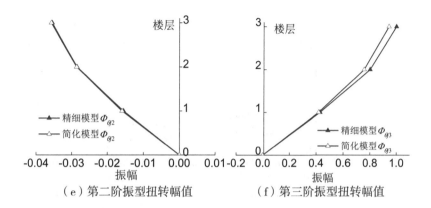

（e）第二阶振型扭转幅值　　　　　　（f）第三阶振型扭转幅值

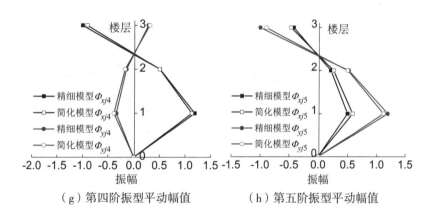

（g）第四阶振型平动幅值　　　　　　（h）第五阶振型平动幅值

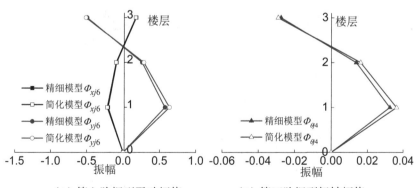

（i）第六阶振型平动幅值　　　　　　（j）第四阶振型扭转幅值

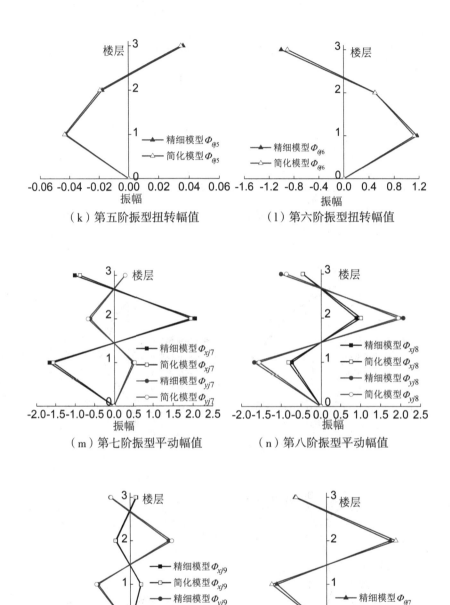

（k）第五阶振型扭转幅值

（l）第六阶振型扭转幅值

（m）第七阶振型平动幅值

（n）第八阶振型平动幅值

（o）第九阶振型平动幅值

（p）第七阶振型扭转幅值

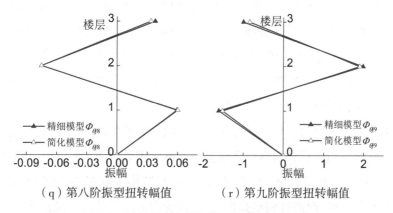

（q）第八阶振型扭转幅值　　　　（r）第九阶振型扭转幅值

图 5.5 简化模型与精细模型振型幅值对比图

由图 5.5 可知,简化模型空间振型计算结果与精细模型前九阶空间振型形状相一致;两种模型的各阶振型的振幅差值很小,基本在 5% 以内。空间振型形状的一致性说明两种模型的楼层相对振动情况相互吻合。

结构的自振频率和振型是结构本身的属性,理论上都是通过对结构的动力特征方程进行求解得到的。实际结构精细模型包含较多的自由度和相应的模态,但代表结构主要动力特性的是其前几阶自振频率和振型,简化模型九阶自振频率及振型与精细模型前九阶自振频率及振型的相互吻合说明了简化模型包含了实际结构的主要动力特性,可以代替实际结构进行分析,即采用简化模型进行分析是完全可靠和准确的。

5.3.2 偏心结构简化模型与精细模型的动力反应对比分析

为进一步验证采用简化模型进行地震反应参数分析的可靠性,现分别对简化模型和精细模型进行 x 方向的弹性和弹塑性动力时程分析,对其动力反应进行对比。

如图 5.6 ~ 图 5.8 所示,小震弹性阶段三条地震波作用下简化模型与精细模型顶层质心处位移时程曲线吻合良好。表 5.2 给出不同地震波作用下小震弹性阶段两种模型的顶层位移峰值(扭转位移峰值等于扭转角峰值乘以楼面回转半径,下同),两种模型的 x 方向平动位移峰值相差 5% 以内,y 方向平动位移峰值和扭转位移峰值基本在 10% 以内。大震弹塑性阶段时(图 5.9~图 5.11),两种模型的位移时程曲线稍有差异,但整体吻合较好,x 方向平动位移峰值(表 5.3)相差 10% 以内,其他位移峰值中除有两个相差达到 13% 以上,其余相差都在 10% 左右。

本研究中主要对结构在 x 方向地震作用下的整体反应进行分析,弹塑性阶段 y 方向平动位移和扭转位移峰值误差虽然相对稍大,而实际上该阶段中 y 方向平动位移和扭转位移实际值都较小,对结构影响很小,结构的主要反应是 x 方向平动,而两种模型弹性、弹塑性受力方向平动位移误差均较小,完全在工程可接受范围内。因此,对于文中主要展开的 x 方向荷载作用下的偏心结构平扭耦联的参数分析,采用简化模型是完全准确和可靠的。

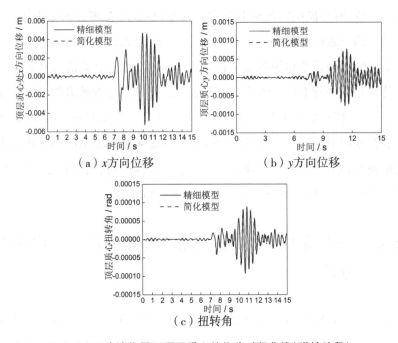

图 5.6 天津波作用下顶层质心处位移时程曲线(弹性阶段)

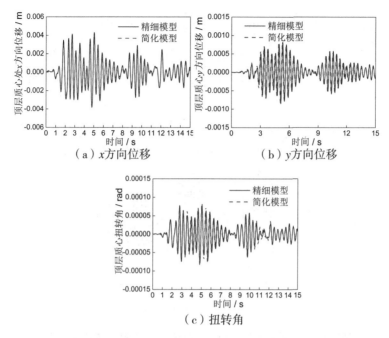

（a）x方向位移　　　　　　（b）y方向位移

（c）扭转角

图 5.7　El Centro 波作用下顶层质心处位移时程曲线（弹性阶段）

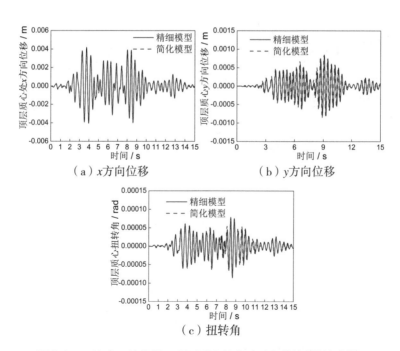

（a）x方向位移　　　　　　（b）y方向位移

（c）扭转角

图 5.8　天津人工波作用下顶层质心处位移时程曲线（弹性阶段）

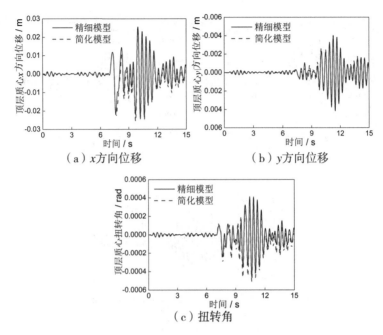

（a）x方向位移　　　　　　（b）y方向位移

（c）扭转角

图 5.9　天津波作用下顶层质心处位移时程曲线（弹塑性阶段）

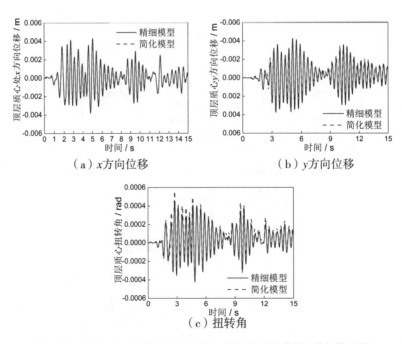

（a）x方向位移　　　　　　（b）y方向位移

（c）扭转角

图 5.10　El Centro 波作用下顶层质心处位移时程曲线（弹塑性阶段）

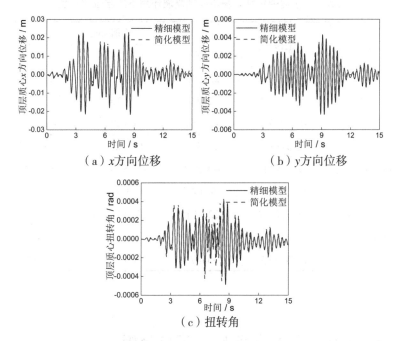

（a）x方向位移　　　　　　　（b）y方向位移

（c）扭转角

图 5.11　天津人工波作用下顶层质心处位移时程曲线（弹塑性阶段）

表 5.2　小震弹性阶段不同地震波作用下顶层位移峰值

地震波	位移	峰值/mm		
		精细模型	简化模型	误差
天津波	x 方向位移	−5.270	−5.240	0.57%
	y 方向位移	0.775	0.683	11.93%
	扭转位移	−1.119	−1.186	−6.01%
El Centro 波	x 方向位移	4.320	4.480	−3.70%
	y 方向位移	−0.846	−0.807	4.61%
	扭转位移	−0.953	−1.029	−8.04%
天津人工波	x 方向位移	4.190	4.020	4.06%
	y 方向位移	0.843	0.782	7.29%
	扭转位移	−0.086	−0.080	6.75%

表5.3　大震弹塑性阶段不同地震波作用下顶层位移峰值

地震波	位移	峰值/mm		
		精细模型	简化模型	误差
天津波	x方向位移	25.640	23.140	9.75%
	y方向位移	−2.310	−2.620	−13.42%
	扭转位移	−5.551	−6.159	−10.95%
El Centro 波	x方向位移	23.527	25.145	−6.88%
	y方向位移	−4.270	−3.870	9.37%
	扭转位移	5.469	6.331	−15.77%
天津人工波	x方向位移	22.601	23.473	−3.86%
	y方向位移	4.310	3.820	11.37%
	扭转位移	−5.871	−5.172	11.90%

5.3.3　时域内平扭位移比计算与分析

利用时域法求解非线性问题时,可以得到结构瞬态响应静平衡状态的稳定解,而当求解对象中含有与频率有关的参数时,频域法比时域法更占优势。地震波是个频带较宽的非平稳随机振动,本书第4章在频域内求得了刚性地基上结构地震反应,分析了结构地震反应随地震波激励频率的变化关系,并对结构平扭位移比进行了参数分析。此小节对扭平频率比 Ω 分别为 1.1、1.2 及 1.4,双向偏心率均为 0.2 的精细模型进行 x 方向的弹性、弹塑性动力时程分析,计算出平扭位移比,并与相同扭平频率比、偏心率下的地震反应参数分析结果进行对比分析。不同 Ω 的模型,可通过在图 5.3 基础上调整各个柱子的抗侧刚度大小来获得,同时保持两个水平方向的总抗侧刚度及双向偏心率不变。

对不同 Ω 的精细模型进行动力时程分析后,利用 ANSYS 后处理提取出其顶层质心处平动位移和相应的扭转位移,得到各自的位移时程曲线。实际工程中,结构位移最大值往往是设计师最关注的点,因此选择质心处整体位移 $u + r\theta$ 最大时刻点进行考察。已有文献研究表明(王美丽,2009),单独

取 $u + r\theta$ 时程曲线上最大值处一个时刻点进行研究,不能全面地描述整个时程曲线的特性,此处将 $u + r\theta$ 时程曲线上的峰值按照从大到小排序,选取前八个峰值对应的时刻点来研究,分别计算出这几个时刻的平扭位移比,然后选取位移比最小的时刻点作为考察点。

弹性、弹塑性阶段顶层 x 方向平扭位移比计算结果,相同偏心率、扭平频率比下的参数分析结果如图 5.12、图 5.13,以及表 5.4、表 5.5 所示。弹塑性动力时程分析后发现,三个有限元模型底层柱端均出现了塑性应变,二层的部分柱端出现塑性应变;顶层柱子均保持在弹性阶段。从结构塑性发展程度来说,7 度大震弹塑性分析后,模型的弹塑性发展状态可近似认为处在参数分析的第三阶段。因此,大震分析后计算的平扭位移比与第三阶段参数分析结果进行近似对比分析。

由图 5.12 及表 5.4 可知,动力分析计算的平扭位移比随着 Ω 的增大而增大,即结构整体反应中受力方向平动位移随着 Ω 的增大而增加,耦合的扭转位移相对减小,该方向平扭耦联效应减弱,结构整体反应更趋向于受力方向平动。弹塑性阶段(见图 5.13 及表 5.5),平扭位移比仍基本随着 Ω 的增大而增大,对于同一条地震波作用下的相同模型,弹塑性阶段平扭位移比明显大于弹性阶段计算结果。表明弹塑性阶段,受力方向平扭耦联效应进一步减弱。即不同 Ω 的精细模型时域平扭位移比计算结果随 Ω 的变化规律符合本书第 4.4.1 节简化模型参数分析变化规律。

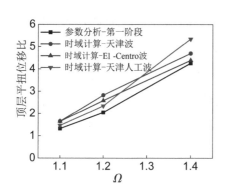

图 5.12　弹性阶段随 Ω 变化的平扭
位移比

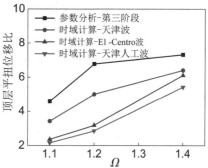

图 5.13　弹塑性阶段随 Ω 变化的平扭
位移比

表5.4 弹性阶段不同 Ω 结构的顶层平扭位移比

平扭位移比	$\Omega=1.1$	$\Omega=1.2$	$\Omega=1.4$
参数分析-第一阶段	1.321 2	2.047 4	4.255 2
时域计算-天津波	1.651 6	2.825 3	4.694 2
时域计算-El Centro 波	1.646 7	2.582 5	4.383 0
时域计算-天津人工波	1.462 6	2.341 0	5.344 7

表5.5 弹塑性阶段不同 Ω 结构的顶层平扭位移比

平扭位移比	$\Omega=1.1$	$\Omega=1.2$	$\Omega=1.4$
参数分析-第三阶段	4.585 4	6.777 5	7.324 0
时域计算-天津波	3.424 7	5.001 5	6.406 5
时域计算-El Centro 波	2.361 5	3.182 4	6.115 2
时域计算-天津人工波	2.155 2	2.853 3	5.423 3

从图5.12、图5.13,以及表5.4、表5.5 中也可以看出,有的模型时域计算结果比较符合参数分析结果,而另一些模型的时域计算结果与参数分析结果差别较大。由第4章分析可知,地震反应参数分析的平扭位移比[式(4.22)]只与外界激励频率 ω 大小有关。由本书第4.3.2节位移传递函数曲线分析可知,当 ω 等于或接近结构某一阶自振频率时,该阶主振型方向的位移传递函数会达到峰值;当 ω 偏离某一阶自振频率较远时,该阶主振型方向的位移传递函数会明显降低。对于 $\Omega=1.1$ 模型,前两阶自振频率都比较接近相应非偏心结构的 ω_x,因此相应的 x 方向位移传递函数在 $\gamma = \omega/\omega_x = 1$ 左右各有一个峰值;对于 $\Omega=1.2$、1.4 的模型,在 $\gamma = \omega/\omega_x$ 接近于 1 时,各自的 x 方向位移传递函数达到峰值,而在 $\gamma = \omega/\omega_x$ 逐渐偏离 1 时,即外界激励频率偏离结构自振频率时,位移传递函数会明显降低。

天津波、El Centro 波和天津人工波的卓越频率分别约为 1.065 2 Hz、1.464 7 Hz 及 1.930 8 Hz,三种模型第一阶自振频率分别为 2.502 6 Hz、2.568 1 Hz 及 2.634 9 Hz。每条地震波卓越频率与三个模型的第一阶自振频率之比见表5.6,其中天津人工波卓越频率与模型自振频率之比与 1 最为接近。

表 5.6   地震波卓越频率与模型第一阶自振频率之比

第一阶自振频率比	$\Omega=1.1$	$\Omega=1.2$	$\Omega=1.4$
天津波	0.425 6	0.414 8	0.404 3
El Centro 波	0.585 3	0.570 3	0.555 9
天津人工波	0.771 5	0.751 8	0.732 8

结合图 4.10 可知,天津人工波的卓越频率激励下,结构的位移传递函数幅值最大,因此,天津人工波作用下的时域计算结果与地震反应参数分析结果比较接近(见图 5.12 和表 5.4)。实际一条地震波中包含着不同幅值大小的频率成分,所以两者计算结果比较接近,但并不完全一样。对于 $\Omega=1.4$ 的模型,天津人工波时域计算结果与参数分析结果并不相符,反而是 El Centro 波作用下的计算结果比较符合。Ω 为 1.4 的模型自振频率为 2.634 9 Hz,对应的三条地震波小震阶段的频谱分别约为 0.014 2 m · s^{-1}、0.017 7 m · s^{-1} 及 0.006 3 m · s^{-1},即该模型的自振频率正好位于天津人工波频谱幅值相对很小的部分,而所处的 El Centro 波的频谱幅值相对较大,约是所对应的天津人工波频谱幅值的 2.81 倍。因此 El Centro 波作用下的计算结果与参数分析结果比较接近,而天津人工波计算结果相差较大,表明不同地震波频谱特性对结构动力反应有较大影响。

大震弹塑性阶段时,结构自振频率随着弹塑性的发展逐渐降低,由本书第 4.3.1 节模态坐标传递函数曲线分析可知,第三阶段时自振频率基本约为弹性阶段自振频率的 2/5,相应的第三阶段位移传递函数在 $\gamma=\omega/\omega_x$ 约为 0.4 时达到峰值。结合表 5.6 可知,天津波卓越频率激励下的位移传递函数峰值将基本落在 $\gamma=\omega/\omega_x=0.4$ 附近,位移传递函数幅值最大,而其他地震波卓越频率激励下的位移传递函数对应的 $\gamma=\omega/\omega_x$ 较大,相应的位移传递函数很小。因此大震弹塑性阶段分析后,天津波作用下的时域计算结果会比较符合地震反应参数分析结果(见图 5.13 和表 5.5)。实际一条地震波中包含着不同幅值大小的频率成分,所以两者计算结果比较接近,但并不完全相同。对于高频成分含量较高的天津人工波,卓越频率与模型频率之比远大于 0.4,相应的位移传递函数很小,时域内计算结果与参数分析结果相差较大。

地震反应参数分析与时域分析存在本质的不同,时域法求解非线性问题时,得到的是瞬态响应静平衡状态的稳定解;而当求解对象中含有与频率有关的参数时,地震反应参数分析比时域法更占优势。地震反应参数分析揭示了结构位移反应与外界激励频率的关系,一般来说,当地震波卓越频率与结构自振频率比较接近时,时域内计算结果会比较符合地震反应参数分析结果,而当地震波卓越频率与结构自振频率相差较大时,时域内计算结果则与地震反应参数分析结果相差较大。结构动力反应对地震波频谱特性比较敏感,不同地震波作用下的结构反应大小与地震波频谱、结构的自身振动特性等都有很大的关系,这也是不同地震波作用下时域内计算结果相差较大的原因。实际中对某一结构进行动力时程分析时,应首先对所选地震波进行频谱分析,了解所选地震波的特性。地震反应参数分析揭示了结构反应随地震波激励频率的变化关系,通过不同阶段的参数分析得到了结构反应受偏心率、扭平频率比的影响趋势和程度,为结构进行动力时程分析提供了基础和参考,时域分析结果的大小及其合理性需利用地震反应参数分析结果进行判断与分析。

5.3.4　柱子的内力分析

本节提取出本书第 5.3.3 节三个精细模型动力时程分析后的典型柱子内力,以此分析柱子中扭转位移产生的内力与纯平动位移产生内力的比值随扭平频率比 Ω 的变化规律。

对于具有刚性楼板的结构来说(柱子编号平面布置如图 5.14 所示),质心处 x 方向水平位移和扭转角分别记为 u_{xo}、θ_o。对于某一编号为 s 的柱子,其 x 方向水平位移记为 u_{xs},y 坐标记为 Δ_s。

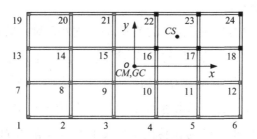

图 5.14　柱子编号示意图（以原模型为例）

对于某一编号为 s 的柱子，该柱 x 方向水平位移可表示为

$$u_{xs} = u_{xo} - \Delta_s \cdot \theta_o \tag{5.4}$$

令上述公式中：

$$u_{x\theta s} = \Delta_s \cdot \theta_o \tag{5.5}$$

$$\mu = \left| \frac{u_{xo}}{u_{x\theta s}} \right| \tag{5.6}$$

μ 为该柱子的平扭位移比，则 $1/\mu$ 表示该柱子中由楼面扭转产生的平动位移与该柱子的纯平动位移的比值。

选择关于 x 轴对称且三个不同 Ω 的模型中截面尺寸也基本相同的 8 号与 14 号柱子进行对比分析。8 号柱子的 x 方向整体平动位移会因为楼面扭转而增加，而 14 号柱子的 x 方向整体平动位移则会减小。设 8 号、14 号柱子的 y 坐标分别为 $-\Delta_8$ 和 Δ_{14}，则距离 x 轴的垂直距离分别为 Δ_8 和 Δ_{14}，利用公式（5.4）~（5.6），则 8 号位移可表达为

$$u_{x8} = u_{xo} + \Delta_8 \cdot \theta_o = \Delta_8 \cdot \theta_o \left(\frac{u_{xo}}{\Delta_8 \cdot \theta_o} + 1 \right) = u_{x\theta8}(\mu + 1) \tag{5.7}$$

对于文中分析的结构，Δ_8 与 Δ_{14} 相等，则 14 号柱子位移为

$$u_{x14} = u_{xo} - \Delta_{14} \cdot \theta_o = \Delta_{14} \cdot \theta_o \left(\frac{u_{xo}}{\Delta_{14} \cdot \theta_o} - 1 \right) = u_{x\theta8}(\mu - 1) \tag{5.8}$$

则可得 8 号柱子与 14 号柱子整体位移比：

$$\kappa = \frac{u_{x8}}{u_{x14}} = \frac{\mu + 1}{\mu - 1} \tag{5.9}$$

当求得 8 号柱子的平扭位移比时，即可计算出 8 号柱子与 14 号柱子整体位移比 κ。κ 代表楼面扭转的相对强弱，κ 越小，代表两个柱子位移差别越

小,楼面扭转角越小。

为分析柱子内力与柱子位移的关系,首先对小震弹性阶段 8 号柱子内力峰值处的平扭位移比 μ 及 8 号与 14 号柱子整体位移比 κ 进行分析,如表 5.7 所示。由表 5.7 可得,μ 随着 Ω 的增大而增大。表明 8 号柱子整体位移中由楼面扭转产生的位移比例越来越小,位移主要是纯平动位移成分,结构扭转效应相对减弱。8 号与 14 号位移比 κ 均大于 1,且 κ 随着 Ω 的增大而减小。表明偏心使原本对称的两个截面相同的构件位移明显不同,一般位于刚性边(刚度较大一侧)柱子位移减小,柔性边(刚度较小一侧)柱子位移增大;随着结构 Ω 的增大,楼面扭转造成的两个柱子位移差值越来越小,结构扭转效应相对减弱。

表 5.7　小震弹性阶段 8 号柱子内力峰值处 μ 与 κ

地震波	Ω	μ	$1/\mu$	κ
	1.1	10.98	9.11%	1.20
天津波	1.2	17.19	5.82%	1.12
	1.4	23.91	4.18%	1.09
	1.1	12.48	8.01%	1.17
El Centro 波	1.2	14.08	7.10%	1.15
	1.4	25.14	3.98%	1.08
	1.1	9.21	10.86%	1.24
天津人工波	1.2	16.22	6.16%	1.13
	1.4	22.76	4.39%	1.09

小震弹性阶段 8 号、14 号柱子底层剪力和弯矩峰值如表 5.8 所示。由表 5.8 可知,同一条地震波作用下,同一模型的 8 号柱子内力明显大于 14 号柱子内力。即偏心使原本对称的两个柱子内力明显不同,一般刚性边柱子内力减小,柔性边柱子内力增大,这点在实际结构设计分析时需要特别注意。当 Ω 取 1.1 时,两者内力最大差值达到 24%;随着 Ω 的增大,两者内力比值逐渐减小。当 $\Omega = 1.2$ 时,与 $\Omega = 1.1$ 相比,内力差值平均减小了 6.37%,而 $\Omega=1.4$ 与 $\Omega=1.2$ 相比,内力差值平均减小了 3.55%。

表 5.8　小震弹性阶段 8 号与 14 号柱子内力峰值

地震波	Ω	剪力峰值/N		弯矩峰值/(N·m)		剪力比值	弯矩比值
		8 号	14 号	8 号	14 号		
天津波	1.1	37 444.47	31 212.51	−60 997.37	−50 823.50	1.20	1.20
	1.2	36 108.77	32 727.79	−58 740.20	−53 209.88	1.10	1.10
	1.4	35 564.66	32 750.05	−57 695.91	−53 098.69	1.09	1.09
El Centro 波	1.1	−27 776.05	−23 677.42	45 184.22	38 491.08	1.17	1.17
	1.2	−28 496.64	−24 759.01	46 179.76	40 080.47	1.15	1.15
	1.4	−30 586.07	−28 286.74	49 447.93	45 693.98	1.08	1.08
天津人工波	1.1	33 256.69	26 766.36	−54 076.20	−43 487.71	1.24	1.24
	1.2	29 338.12	25 971.74	−47 564.57	−42 067.30	1.13	1.13
	1.4	28 703.65	26 328.95	−46 408.35	−42 532.11	1.09	1.09

　　比较表 5.7 位移比值 κ 与表 5.8 中内力比值可知,内力比值与相应的位移比值相等。表明两个柱子的内力比值可由其内力峰值处的位移比 κ 来表示。相应地,某一柱子中由楼面扭转位移产生的内力与纯平动位移产生内力的比值可由该柱子的 $1/\mu$ 表示。由表 5.7 可知,8 号柱子 $1/\mu$ 随着 Ω 的增大而减小,表明随着 Ω 的增大,柱子中楼面扭转位移产生的内力比值越来越小,内力主要由纯平动位移产生。三条地震波作用下,对于 $\Omega=1.1$、1.2 及 1.4 的三个模型,楼面扭转位移产生的内力与纯平动位移产生内力的平均比值分别为 9.33%、6.36% 及 4.18% 。

　　大震弹塑性阶段时(见表 5.9、表 5.10),两个柱子内力比值及柱子中楼面扭转位移所占比例随 Ω 增大的变化规律与弹性阶段类似。当 $\Omega=1.2$ 时,与 $\Omega=1.1$ 相比,两个柱子剪力差值平均减小了 7.16% ,而 $\Omega=1.4$ 与 $\Omega=1.2$ 相比,剪力差值平均减小了 5.04% 。

　　由表 5.9 可知,弹塑性阶段时,8 号与 14 号柱子剪力比值与相应的弯矩比值稍有差异,但差异很小。表明弹塑性阶段时,两个柱子的内力比值仍可近似由内力峰值处的整体位移比来表示,则某一柱子中由楼面扭转位移产生的内力与纯平动位移产生内力的比值仍可由该柱子的平扭位移比 $1/\mu$ 表示。

表 5.9　大震弹塑性阶段 8 号与 14 号柱子内力峰值

| 地震波 | Ω | 剪力峰值/N | | 弯矩峰值/(N·m) | | 剪力比值 | 弯矩比值 |
		8 号	14 号	8 号	14 号		
天津波	1.1	159 689.17	133 676.00	−252 016.23	−211 556.55	1.19	1.19
	1.2	163 244.39	144 747.78	−256 357.17	−228 966.28	1.13	1.12
	1.4	159 844.17	151 487.38	−259 203.63	−245 878.65	1.06	1.05
El Centro 波	1.1	−143 219.49	−117 267.21	224 225.85	185 737.37	1.22	1.21
	1.2	−145 394.70	−131 046.75	228 704.63	207 344.95	1.11	1.10
	1.4	−155 258.03	−145 747.02	244 624.97	231 294.63	1.07	1.06
天津人工波	1.1	−150 804.91	123 893.08	−239 177.05	−203 657.70	1.22	1.17
	1.2	−145 742.68	129 327.96	−229 726.00	−205 679.93	1.13	1.12
	1.4	147 305.50	138 040.74	−233 074.75	−222 059.09	1.07	1.05

从表 5.10 可看出，8 号柱子 $1/\mu$ 随着 Ω 的增大而减小，即柱子中由楼面扭转位移产生的内力与纯平动位移产生的内力的比值随着 Ω 的增大越来越小，内力主要由纯平动位移产生。三条地震波作用下，对于 Ω = 1.1、1.2 及 1.4 的三个模型，8 号柱子中楼面扭转位移产生的内力与纯平动位移产生内力的平均比值分别为 9.77%、6.50% 及 4.55%。

表 5.10　大震弹塑性阶段 8 号柱子内力峰值处 μ 与 κ

地震波	Ω	μ	$1/\mu$	κ
天津波	1.1	11.596	8.62%	1.19
	1.2	17.367	5.76%	1.12
	1.4	18.698	5.35%	1.11
El Centro 波	1.1	10.547	9.48%	1.21
	1.2	13.759	7.27%	1.16
	1.4	24.598	4.07%	1.08
天津人工波	1.1	8.910	11.22%	1.25
	1.2	15.470	6.46%	1.14
	1.4	23.630	4.23%	1.09

5.4　本章小结

本章采用有限元 ANSYS 软件建立了与简化模型相应的偏心结构精细模型进行动力弹性、弹塑性时程分析,对提出的简化模型的动力特性和动力反应进行了验证,得到了如下结论:

(1)通过对刚性地基上偏心结构精细模型进行模态分析,对文中提出的简化模型动力特性进行了验证,结果表明提出的简化模型包含了实际结构的主要动力特性,可以非常精确地代替实际结构进行分析。通过对两种模型进行弹性及弹塑性动力时程分析,对简化模型动力反应进行了验证,结果表明两种模型时程曲线吻合良好,弹性、弹塑性阶段受力方向位移峰值相差分别在5%、10%以内,对结构在受力方向下的整体反应进行分析是完全可行的,且结果准确可靠。

(2)通过对刚性地基上几个不同扭平频率比的精细模型的平扭位移比分析,对地震反应参数分析结果进行了验证。时域内计算结果随扭平频率比的变化规律符合简化模型参数分析变化规律。本书第 4 章进行不同阶段的地震反应参数分析得到的结构反应受偏心率、扭平频率比的影响趋势和程度,具有一定的普遍意义,可为时程分析结果的合理性提供支撑。

(3)楼面扭转会引起原本对称布置相同截面的柱子位移不同步,内力也不相同,一般刚度较大一侧的柱子内力减小,刚度较小一侧的柱子内力增大;随着扭平频率比的增大,两者内力差值逐渐减小,柱子中的内力主要由平动位移产生。

(4)由时域内平扭位移比计算结果,并与全过程地震反应参数分析结果比较,结果表明,地震反应参数分析与时域分析存在本质的不同。地震反应参数分析揭示了结构自振频率与地震波卓越频率的关系,揭示了位移反应与外界激励频率的关系,而对某一结构进行动力时程分析时,受到所选地震波大小、频段、持时的影响,尤其是地震波频段的影响,使得不同地震波作用得到差异很大的结果。全过程地震反应参数分析通过不同阶段的参数分析得到了结构反应受偏心率、扭平频率比的影响趋势和程度,为结构进行动力时程分析提供了基础和参考。

参考文献

包世华,1991. 高层建筑结构计算[M]. 北京:高等教育出版社.

蔡贤辉,2001a. 多层偏心结构的地震反应研究[D]. 大连:大连理工大学.

蔡贤辉,邬瑞锋,许士斌,2001b. 多层剪切型均匀偏心结构的弹塑性地震反应规律的研究[J]. 应用数学和力学,22(11):1129-1134.

蔡贤辉,邬瑞锋,綦宝晖,2000. 偏心结构的弹塑性平扭耦合反应与地震动强度[J]. 应用数学和力学,21(5):451-458.

陈波,吕西林,李培振,等,2002. 用 ANSYS 模拟结构-地基动力相互作用振动台试验的建模方法[J]. 地震工程与工程振动,22(1):126-131.

陈磊,2004. 基于 ANSYS 的钢筋混凝土结构试验有限元分析[D]. 西安:西安理工大学.

戴君武,张敏政,郭迅,等,2003a. 多层偏心结构非线性地震反应分析[J]. 地震工程与工程振动,23(5):75-80.

戴君武,张敏政,黄玉龙,2003b. 偏心结构非线性地震反应分析的一种简化方法[J]. 地震工程与工程振动,23(3):60-67.

戴君武,张敏政,黄玉龙,2002. 偏心结构扭转振动研究中几个基本参量的讨论[J]. 地震工程与工程振动,22(6):38-43.

方鄂华,程懋堃,2005. 关于规程中对扭转不规则控制方法的探讨[J]. 建筑结构,36(11):12-15.

高丹盈,1988. 矩形截面构件截面弯矩曲率的简化计算[J]. 郑州大学学报(工学版),9(1):9-17.

韩军,2009. 建筑结构扭转地震反应分析及抗扭设计方法研究[D]. 重庆:重庆大学.

韩军,李英民,2008. 抗震结构扭转控制及设计方法的国内外规范对比分析[J]. 西安建筑科技大学学报(自然科学版),40(1):25-32.

韩阳,2017. 复杂偏心结构地震扭转效应研究[D]. 天津:天津大学.

何浩祥,张玉怿,李宏男,2002.建筑结构在双向地震作用下的扭转振动效应[J].沈阳建筑工程学院学报(自然科学版),18(4):241-243.

何晓宇,李宏男,2008.偏心形式对偏心结构扭转耦联地震响应的影响[J].世界地震工程,24(3):36-44.

何政,欧进萍,2007.钢筋混凝土结构非线性分析[M].哈尔滨:哈尔滨工业大学出版社.

黄小坤,2004.高层建筑混凝土结构技术规程(JGJ—2002)若干问题解说[J].土木工程学报,37(3):1-11.

黄宗明,王耀伟,2005.强度偏心对偏心结构非弹性反应的影响分析[J].建筑结构,35(3):48-50.

姜忻良,王美丽,王学艳,2009a.基于强解耦方法的土-结构平扭耦联参数分析[J].振动与冲击,28(10):154-157.

姜忻良,王美丽,王学艳,2009b.偏心结构-地基土相互作用平扭耦联参数的范围及影响分析[J].工程力学,26(3):73-78,127.

李宏男,1992.多维地震动作用下结构抗震计算的反应谱方法[J].大连理工大学学报,32(5):555-559.

李宏男,1996.建筑抗震设计原理[M].北京:中国建筑工业出版社.

李宏男,1998.结构多维抗震理论与设计方法[M].北京:科学出版社.

李宏男,尹之潜,1988.偏心结构在多维地震作用下扭转耦联反应分析[J].地震工程与工程振动,8(4):39-53.

李岳,2011.土-偏心结构相互作用地震反应参数分析与试验研究[D].天津:天津大学.

梁兴文,邓明科,李晓文,等,2006.钢筋混凝土高层建筑结构基于位移的抗震设计方法研究[J].建筑结构,36(7):15-20.

刘畅,2007a.地震作用下偏心结构扭转反应研究[D].长沙:湖南大学.

刘畅,邹银生,2007b.偏心结构在双向地震作用下扭转反应之影响因素[J].防灾减灾工程学报,27(1):23-28.

刘大海,杨翠如,钟锡根,1993.高层建筑抗震设计[M].北京:中国建筑工业出版社.

刘季,1986.在多维地震动复合作用下结构的反应和建筑结构扭转地震效应[J].哈尔滨建筑工程学院学报,(2):59-71.

陆新征,叶列平,缪志伟,2009.建筑抗震弹塑性分析:原理、模型与在ABAQUS,MSC,MARC和SPA2000上的实践[M].北京:中国建筑工业出版社.

罗熠,2012.考虑地震动谱形影响的钢筋混凝土框架结构非线性反应分析[D].兰州:兰州理工大学.

门进杰,史庆轩,周琦,2008.框架结构基于性能的抗震设防目标和性能指标的量化[J].土木工程学报,41(9):76-82.

彭英明,2014.基于结构动力特性的钢筋混凝土框架结构损伤研究[D].天津:天津大学.

乔普拉,2007.结构动力学:理论及其在地震工程中的应用[M].3版.谢礼立,吕大刚,译.北京:高等教育出版社.

乔天民,杨桂通,1984.单层偏心结构的地震反应分析[J].太原工业大学学报,(4):59-74.

清华大学、西南交通大学、北京交通大学土木工程结构专家组,2008.汶川地震建筑震害分析[J].建筑结构学报,29(4):1-9.

王翠坤,赵鹏飞,马宏睿,等,2006.深圳大梅沙酒店模型振动台试验及减震阻尼器设计研究[J].建筑结构,36(S1):608-612.

王美丽,2009.地基土-偏心结构相互作用体系平扭耦联振动特性研究[D].天津:天津大学.

王松涛,曹资,1997.现代抗震设计方法[M].北京:中国建筑工业出版社.

王新敏,2007.ANSYS工程结构数值分析[M].北京:人民交通出版社.

王亚勇,王言诃,2008.汶川大地震建筑震害启示[J].建筑结构,38(7):1-6.

王耀伟,2003.平面不规则结构非弹性地震反应规律研究[D].重庆:重庆大学.

王耀伟,黄宗明,2001.影响偏心结构非弹性地震反应的主要因素分析[J].重庆建筑大学学报,25(6):114-120.

王耀伟,黄宗明,2004a.影响单层偏心结构地震反应的参数分析[J].工程建设与设计,(9):5-10.

王耀伟,黄宗明,2004b.影响偏心结构地震反应的因素综述[J].防灾减灾工程学报,24(1):112-116.

王跃方,谷滨,李海江,2002.框架结构地震反应 push-over 研究[J].大连理工大学学报,42(6):709-713.

王云剑,1979.结构在平移-扭转耦联地震反应中偏心距动力放大因子[J].力学学报,(4):399-403.

韦承基,史铁花,薛彦涛,2002.合理振型数的确定及扭转振型判定[J].工程抗震,(4):1-2,9.

魏琏,1990.水平地震作用下不对称建筑的抗震计算[J].建筑科学,(1):45-50.

魏琏,王森,韦承基,2005.水平地震作用下不对称不规则结构的抗扭设计方法研究[J].建筑结构,35(8):12-17.

魏琏,朱锦心,蒋自立,1980.多层建筑扭转弹塑性地震反应分析[J].土木工程学报,13(1):63-75.

邬瑞锋,蔡贤辉,曲乃泗,1999a.多层及高层房屋扭转耦联弹塑性地震反应的研究[J].大连理工大学学报,39(4):471-477.

邬瑞锋,蔡贤辉,曲乃泗,1999b.一类多层偏心结构的地震反应研究[J].地震工程与工程振动,19(4):55-60.

吴大正,2005.信号与线性系统分析[M].4版.北京:高等教育出版社.

肖从真,李勇,李跃林,等,2006.当代 MOMA 工程结构设计[J].建筑结构,36(S1):210-214.

徐培福,黄吉锋,韦承基,2000.高层建筑结构在地震作用下的扭转振动效应[J].建筑科学,16(1):1-6.

徐培福,黄吉锋,韦承基,2006.高层建筑结构的扭转反应控制[J].土木工程学报,39(7):1-8.

杨光,沈繁銮,2005.日本阪神地震灾害的一些调查统计数据[J].华南地震,25(1):83-86.

杨鉴,魏琏.1985.高层建筑扭转耦连自由振动的计算[J].建筑结构学报,

(6):67-74.

杨绍瑞,张善元,1988.一类多层扭转耦联结构弹性地震反应的摄动解[J].
地震工程与工程振动,8(2):67-78.

张海顺,2015.混合约束模态综合法对局部非线性土与结构相互作用研究
[D].天津:天津大学.

张新培,2003.钢筋混凝土抗震结构非线性分析[M].北京:科学出版社.

张善元,1982.多层框架结构非弹性地震反应的一种算法[J].太原工学院学
报,(4):17-33.

张善元,1983.框架结构平扭耦联弹塑性地震反应分析的力学模型[J].固体
力学学报,(4):511-519.

郑正昌,森高英夫,下田郁夫,等,2000.鹿儿岛机场候机楼抗震补强:增设粘
滞阻尼墙的结构三维弹塑性分析[J].建筑结构,30(6):19-22.

朱伯龙,陆伟民,1980.单层长房考虑扭转的弹塑性地震反应分析[J].建筑
结构学报,(2):10-18.

BOZORGNIA Y,TSO W K,1986. Inelastic seismic response of asymmetric struc-
tures[J]. Journal of Structural division. ASCE,112(2):383-400.

BUGEJA M N,THAMBIRATNAM D P,Brameld G H,1999. The influence of
stiffness and strength eccentricities on the inelastic earthquake response of
asymmetric structures[J]. Engineering Structures,21(9):856-863.

CHANDLER A K,HUTCHINSON G L,1987. Evaluation of code torsional provi-
sions by a time history approach[J]. Earthquake Engineering and Structural
Dynamics,15(4):491-516.

CHANDLER A M,DUAN X N,1991. Evaluation of factors influencing the inelas-
tic seismic performance of torsionally asymmetric buildings[J]. Earthquake En-
gineering and Structural Dynamics,20(1):87-95.

CHANDLER A M,DUAN X N,1993. A modified static procedure for the design
of torsionally unbalanced multistorey frame buildings[J]. Earthquake Engineer-
ing and Structural Dynamics,22(5):447-462.

CHANDLER A M,DUAN X N,1997. Performance of asymmetric code-design buildings for serviceability and ultimate limit states[J]. Earthquake Engineering and Structural Dynamics,26(7):717-735.

CORRENZA J C,HUTCHINSON G L,CHANDLER A M,1992. A review of reference models for assessing inelastic seismic torsional effects in buildings[J]. Soil Dynamics and Earthquake Engineering,11(8):465-484.

CORRENZA J C,HUTCHINSON G L,CHANDLER A M,1994. Effects of transverse load-resisting elements on inelastic earthquake response of eccentric-plan buildings[J]. Earthquake Engineering and Structural Dynamics,23(1):75-89.

DUAN X N,CHANDLER A M,1993. Inelastic seismic response of code-designed multistorey frame buildings with regular asymmetry[J]. Earthquake Engineering and Structural Dynamics,22:431-445.

ESTEVA L,1987. Earthquake engineering research and practice in Mexico after the 1985 earthquakes[J]. Bulletin of the New Zealand National Society for Earthquake Engineering,20(3):159-200.

FEMA 273,1996. NEHRP Commentary on the Guidelines for the Rehabilitation of Buildings[R]. Washington,DC:Federal Emergency management Agency.

FEMA 356,2000. Pre-Standard and Commentary for the Seismic Rehabilitation of Buildings[R]. Washington,DC:Federal Emergency Management Agency.

GOEL R K,CHOPRA A K,1990. Inelastic seismic response of one-storey,asymmetric-plan systems:effects of stiffness and strength distribution[J]. Earthquake Engineering and Structural Dynamics,19(7):949-970.

GOEL R K,CHOPRA A K,1991. Inelastic seismic response of one-storey,asymmetric-plan systems:effects of system parameters and yielding[J]. Earthquake Engineering and Structural Dynamics,20(3):201-222.

HALABIAN A M,BIRZHANDI M S,2014. Inelastic response of bieccentric-plan asymmetric reinforced concrete buildings[J]. Proceedings of the Institution of Civil Engineers-Structures and Buildings,167(8):469-485.

HEJAL R,CHOPRA A K,1989a. Lateral-torsional coupling in earthquake response of frame buildings[J]. Journal of Structural Engineering,115(4):852–867.

HEJAL R, CHOPRA A K, 1989b. Earthquake analysis of a class of torsionally–coupled buildings[J]. Earthquake Engineering and Structural Dynamics,18(3):305–323.

HEJAL R, CHOPRA A K, 1989c. Earthquake response of torsionally coupled, frame buildings[J]. Journal of Structural Engineering,115(4):834–851.

HUMAR J L, KUMAR P, 1998. Torsional motion of buildings during earthquakes. I. Elastic response[J]. Canadian Journal of Civil Engineering,25(5):898–916.

HUMAR J L, KUMAR P, 1999. Effect of orthogonal inplane structural elements on inelastic torsional response[J]. Earthquake Engineering and Structural Dynamics,28(10):1071–1097.

JIANG W, HUTCHINSON G L, WILSON J L, 1996. Inelastic torsional coupling of building models[J]. Engineering structures,18(4):288–300.

KAN C L, CHOPRA A K, 1977. Elastic earthquake analysis of torsionally coupled multistorey buildings[J]. Earthquake Engineering and Structural Dynamics,5(4):395–412.

KAN C L, CHOPRA A K, 1981. Torsional coupling and earthquake response of single elastic and inelastic systems [J]. Journal of Structural division. ASCE,107(4):1569–1588.

KUANG J S, NG S C, 2000. Coupled lateral–torsion vibration of asymmetric shear–wall structures[J]. Thin–Walled Structures,38(2):93–104.

KUANG J S, NG S C, 2001. Dynamic coupling of asymmetric shear wall structures: an analytical solution [J]. International Journal of Soils and Structures,38(48–49):8723–8733.

KUANG J S, NG S C, 2009. Lateral shear–St Venant torsion coupled vibration of asymmetric–plan frame structures[J]. The Structural Design of Tall and Special Buildings,18(6):647–656.

MITTAL A K,JAIN A K,1995. Effective strength eccentricity concept for inelastic analysis of asymmetric structures[J]. Earthquake Engineering and Structural Dynamics,24(1):69−84.

OH S H,SHIN S H,BAHADOR B,2021. Effect of Torsion on Seismic Response of Single−Story Structures:an Energy−Based Design Approach (EBD)[J]. International Journal of Steel Structures,21(3):820−835.

RAFEZY B,ZARE A,HOWSON W P,2007. Coupled lateral−torsional frequencies of asymmetric,three−dimensional frame structures[J]. International Journal of Solids and Structures,44(1):128−144.

RIZWAN S M,SINGH Y,2012. Effect of strength eccentricity on torsional behaviour of RC frame buildings[J]. Journal of the Institution of Engineers,93(1):15−26.

SADEK A W,TSO W K,1989. Strength eccentricity concept for inelastic analysis of asymmetrical structures[J]. Engineering Structures,11(3):189−194.

SEAOC,1995. Performance Based Seismic Engineering of Buildings (Version 2000)[S]. Structural Engineering Association of California,Sacramento,CA.

SNEHA K K,DURGAPRASAD J,2022. An Investigation of Coefficient of Torsional Irregularity for Irregular Buildings in Plan[J]. Lecture Notes in Civil Engineering,162:637−656.

STATHOPOULOS K G,ANAGNOSTOPOULOS S A,2005. Inelastic torsion of multistorey buildings under earthquake excitations[J]. Earthquake Engineering and Structural Dynamics,2005,34(12):1449−1465.

SYAMAL P K,PEKAU O A,1985. Dynamic response of bilinear asymmetric structures[J]. Earthquake Engineering and Structural Dynamics,13(4):527−541.

TSAI K C,HSIAO C P,2000. Overview of building damage in 921 Chi−Chi Earthquake[J]. Earthquake Engineering and Engineering Seismology,2(1):93−108.

TSO W K,BOZORGNIA Y,1986. Effective eccentricity for inelastic seismic response of building[J]. Earthquake Engineering and Structural Dynamics, 14 (3):413–427.

TSO W K, DEMPSEY K M, 1980. Seismic torsional provisions for dynamic eccentricity[J]. Earthquake Engineering and Structural Dynamics, 8(2):275–289.

TSO W K, SADEK A W, 1985. Inelastic seismic response of simple eccentric structures[J]. Earthquake Engineering and Structural Dynamics, 13(2):255–269.

TSO W K, WONG C M, 1995. Seismic displacements of torsionally unbalanced buildings[J]. Earthquake Engineering and Structural Dynamics. 24(10): 1371–1387.

TSO W K, YING H, 1990. Additional seismic inelastic deformation caused by structural asymmetry[J]. Earthquake Engineering and Structural Dynamics, 19 (2):243–258.

WU W H, SMITH H A, 1995. Efficient modal analysis for structures with soil-structure interaction[J]. Earthquake Engineering and Structural Dynamics, 24 (2):283–299.